"十三五"高等职业教育专业核心课程规划教材·资源环境大类

U0290676

普通地质实训教程

（第3版）

主编 赵得思 常 青

西安交通大学出版社
XI'AN JIAOTONG UNIVERSITY PRESS

图书在版编目(CIP)数据

普通地质实训教程/赵得思,常青主编. —3 版. —西安:
西安交通大学出版社,2014.6
ISBN 978 - 7 - 5605 - 6405 - 0

Ⅰ.①普…　Ⅱ.①赵…　②常…　Ⅲ.①地质学-教材
Ⅳ.①P5

中国版本图书馆 CIP 数据核字(2014)第 144210 号

书　　名	普通地质实训教程	
主　　编	赵得思　常　青	
责任编辑	杨　璠	

出版发行	西安交通大学出版社
	(西安市兴庆南路 10 号　邮政编码 710049)
网　　址	http://www.xjtupress.com
电　　话	(029)82668357　82667874(发行中心)
	(029)82668315(总编办)
传　　真	(029)82668280
印　　刷	虎彩印艺股份有限公司

开　　本	787mm×1092mm　1/16　**印张** 5.25　**彩页** 1　**字数** 120 千字
版次印次	2016 年 4 月第 3 版　2016 年 4 月第 1 次印刷
书　　号	ISBN 978 - 7 - 5605 - 6405 - 0/P・5
定　　价	18.00 元

读者购书、书店添货、如发现印装质量问题,请与本社发行中心联系、调换。
订购热线:(029)82665248　(029)82665249
投稿热线:(029)82669097
读者信箱:lg_book@163.com

前　言

根据地质类专业地质认识实习的教学要求，由 诸明义 、赵得思等教师于 1987 年编写了《天水地区地质认识实习指导书》（内部教材）。供我校地质类专业天水地区地质认识实习使用。

1993 年 9 月，根据教务处和地质专业科的安排，由普地教研室柳国斌、卢焕英、王敏龙三位教师进行修订。

2005 年 5 月，由常青同志进行了校对、修订、重印。

由于近 20 多年来，天水地区各项工程建设的施工挖掘，加之河谷地貌地质露头条件发生了剥蚀、掩埋等变化，且 2006 年，赵得思、常青同志事先向我校科研处申报了野外科研项目，进行了野外路线的补充调查。因此我们决定修订《地质认识实习指导书》，正式出版《普通地质实训教程》。

本次再版修订中，保持了原核工业地质学校的《天水地区地质认识实习指导书》原貌，再版修订后的内容分为三部分，特色是：

第一部分：野外工作的简要提示部分。加强了野外工作的理论和方法指导以及安全纪律内容。

第二部分：天水地区野外地质观察路线及其内容、要求，根据野外工作的现实情况，对实习区域教学内容进行了补充、修订。增加新发现的地质点线，加强了路线地质调查内容；加强了地质灾害环境评价，增加了矿点内容，对所有的路线采集了数码照片，为多媒体教学准备了资料，拓宽了视野。

第三部分：附录。增加了技能训练内容：地形图地质图判读、罗盘使用、岩石和地质构造识别、地质素描、常用规范、地质记录格式、地质报告编写提纲等内容。

数码照片采取、三版修订工作，全部由赵得思、常青同志完成；

甘肃工业职业技术学院科研处组织本项目立项、验收等工作；

甘肃工业职业技术学院教务处组织教材的正式出版；

兰州大学天水实习队提供了地质图。

谨对上述关心本教材的相关单位和个人表示衷心的感谢。也请使用本教材的师生，在实践中根据实际地质资料，提出宝贵意见，不断完善本教材。

编者

2014 年 10 月

目　录

第一部分　野外实习目的与任务和要求

实习学时:二周

一、实习目的

1.本次野外实习是《普通地质学》课程的实践内容,旨在教师的指导下,通过野外实习来巩固课堂教学内容,对实习区域的内、外动力地质作用及其地质效果(各种地质现象)进行实地观测和认知,在巩固课堂所学知识的同时,理解野外地质工作的基本原则和方法,尽可能提高认识、分析、归纳、总结地质问题和地质规律的基本能力。

2.初步掌握一些野外地质工作的基本技能。

3.培养艰苦奋斗、实事求是的生产作风和工作作风,增强体质,以逐步适应野外工作环境。

4.通过观察地质现象,参观与地质有关的矿点、矿床、土木工程建设的环境灾害评价,开阔学生眼界,激发专业兴趣,树立为地质事业献身的理想。

二、实习内容和要求

1.从产状、矿物组成、结构构造及地貌特征等方面认识实习区的岩浆岩、沉积岩和变质岩,初步掌握三大岩的识别方法,理解三大岩类的一般成因。

2.观察、认识和描述实习区所见的地质构造(断裂、褶皱构造等)和特殊地貌(如丹霞地貌、假石林地貌、河流阶地等)现象;滑坡、崩塌及泥石流等地质灾害;简要分析实习区特征地貌、地质构造及灾害的形成机理。

3.学会地层或面状构造产状的测量(以罗盘使用为重点)和描述。

4.结合实习区的地质现象,理解内、外动力地质作用及其表现形式,以及它们在地貌形成中的作用。

以上实习内容,最终将通过文字记录、简单地质图及实习报告来体现。

三、野外地质工作的基本技能要求

1.学会地形图的应用,利用地形、地物标志在地形图上标定地质观察点。

2.地质图的判读和野外地质事物分析。

3.野外地质记录的内容、格式、要求。

4.地质素描图的画法。

5.地质实习报告的编写。

四、成绩评定

根据学生在实习期间的野外工作态度、对实习内容和方法的掌握情况、野外记录和编写的实习报告的质量,按百分制评定成绩。地质认识实习不及格者,不能参加二年级教学实习。

五、实习守则

(一)基本守则

1.实习师生务必充分认识教学实习的重要意义,根据教学大纲和本实习指导书的要求以及实习队的具体安排,认真、全面地完成实习任务。

2.实习中尊重当地人民群众的民风民俗,保护群众利益,不损坏庄稼。

3.出外进行野外工作时,每人必须携带常用工具、文具、资料等。做到四勤:勤动手(敲打所看岩石和测量各种数据)、勤观察、勤思考、勤记录。

4.遵守国家保密规定,妥善保管自己所用或制作的实习资料(地形图、地质图、野外记录本等)。在野外工作时,凡离开一处,应当检查自己所用之物是否收齐。实习完成,资料、实物样品等作业,按照归档要求编目后,按规定时间,提交给指导教师收阅、评分。并要按时、如数归还所借实习工具。

5.学生实习期间,加强组织纪律,服从领导,听从指挥。学生因事、因病离队时应向指导教师请假。病假者,务必同时递交医院证明;实习过程中,未经批准而擅自离队者,当天按旷课处理。几天旷课者,实习成绩不予及格,并且按照学生管理条例处分。

6.对违纪学生,学院授权现实习队教师,可根据有关规定,视其违纪情节和态度,有权作出各种处分(除开除学籍以外),报院备案,并抄送该生所在系部备查。

(二)安全规定

1.全队师生员工应当牢固树立"安全第一"的思想,野外工作中,学生必须听从教师指导,时刻注意自己或他人的行为举动是否安全,严防称雄或冒险等不安全行为。

2.野外上山工作时,要穿胶鞋、戴草帽、穿长衣服(线),不准携带收录机、游戏机进行收听或玩耍,防止中暑和外伤,影响实习。

3.在采石厂附近工作时,要了解并记住放炮时间,应尽量避开在放炮时间内在该地工作。

4.在野外乘车途中注意头、手不能伸出窗外,防止车辆会让伤人,防止车窗外道旁树木枝条伤人。上山,交通道路两旁等危险地段实习时,必须时刻注意来往车辆,切实防止不安全的行为,杜绝事故发生和人身伤亡。

5.野外工作敲打岩石、采集标本时,注意手握铁锤方法和锤击方向,防止工具或碎石飞溅伤人。注意避免滚石"飞石"和伤人。

6.在野外工作中,遇到道路险窄时,师生、同学之间更应相互关心、照顾和保护。严格禁止追逐、打闹,以及弹拉枝条放手后故意不打招呼而危及他人。特别留心深沟、悬崖、落水洞等地貌,严禁跳跃河谷,攀登悬崖绝壁。

7.随时注意隐伏恶犬、毒蛇、毒虫伤人。

8.在暴雨、雷击闪电将来临之时,应停止野外工作,及时到安全区域躲避。

9.注意个人和环境清洁卫生、饮食卫生。不食过期、不卫生或腐烂变质食品、饮料;严禁攀树摘果、毒蘑菇,防止食物中毒和疾病染身。

10.注意防火、防盗、防毒。外出实习离屋时,关好电源、窗户,并锁好门。保管好钱物。夜间不得单独外出游玩或进舞厅、卡拉 OK 厅、台球室、网吧等。因事临时请假的外出人员,必须在 19 点前返回驻地。

(三)实习作息时间安排

起床早餐:06:30

集合乘车:07:30

外业实习:根据实习路线、地质点多少以及交通、天气情况,由带队老师掌握。

内业资料整理、报告编写:8:00～12:00　　　15:00～17:30

晚自习整理资料　　19:30～20:30

第二部分 实习区自然地理及区域地质概况

一、天水地区自然地理概况

天水地区位于甘肃省东部,隶属于天水市,现辖武山、甘谷、秦安、清水、张家川回族自治县五县和秦州、麦积两区,总人口328万人。全市横跨长江、黄河两大流域,新欧亚大陆桥横贯全境。地理坐标:东经104°35′~106°44′,北纬34°05′~35°10′,总面积为15 282 km²。

该地区位于陇南山地与陇中黄土高原的过渡地带,地势西高东低,地形复杂,北部海拔一般为1200~2000 m,梁、峁间沟壑纵横,渭河谷地横贯中部黄土地区,地势平缓,海拔900~1600 m。陇山突起于研究区的东北部,海拔1500~2600 m。中部是北秦岭山地,海拔2600~3900 m,为黄河长江水系的分水岭,重峦叠嶂,沟谷交错,相对高差一般为500~700 m,山麓常有黄土堆积。南部为南秦岭山地和徽、成盆地的北部,南秦岭山地海拔一般为1600~2000 m,山势崎岖,相对高差700 m以上。

实习区在渭河支流,分布于黄土高原地区,较大支流有葫芦河、藉河、牛头河、散渡河、漳河等,流域植被较差,降雨集中,属温带半湿润气候,年平均气温8~10℃,无霜期180天左右,降水量500~600 mm,雨水多集中于夏秋两季,蒸发量较大,有干旱、暴雨、霜冻和冰雹灾害。水土流失严重,可成洪灾。东北部陇山山地有大面积森林和草地,低山、盆地区还有经济林木。南部秦山地植被繁茂,经济林木发达。(见封2彩图。)

实习区同时也是甘肃主要农业区之一。主要的农作物有小麦、玉米、洋芋马铃薯、豆类、油料作物等。经济林产品有苹果、核桃、板栗、花椒、柿子、杏仁、桐籽、棕片等。畜牧业主要有牛、马、驴、骡、猪和羊等。研究区工业发达,天水市是甘肃省第二大城市,也是甘肃省主要工业基地,已形成工业门类齐全、现代化装备程度较高的工业生产体系。该区交通发达,铁路大动脉陇海铁路横穿本区,公路四通八达,310、312国道贯穿该市,全区各乡镇都通汽车。

二、区域地质概况

实习区位于甘肃省东部陇南山地与黄土高原的过渡地带。其大地构造位置处于中央造山系中段祁连造山带和北秦岭造山带的结合部位,同时也横跨在中国中部南北向构造带上,是古亚洲构造域、特提斯构造域和太平洋构造域复合叠加的构造部位。在大地构造背景上,研究区位于华北地台的西南缘,处于祁连与北秦岭造山带的结合部位(见图2-1),出露的基底岩系为陇山(岩)群和秦岭(岩)群。

1. 地层

本区属北秦岭地层分区。出露地层有古元古界秦岭岩群、陇山岩群;(中)新元古界宽坪岩群、葫芦河岩群,木其滩岩组;下古生界关子镇蛇绿岩单位、李子园群、草滩沟群、太阳寺岩组和罗汉寺岩组、红土堡基性火山岩单位、陈家河群;上古生界泥盆系舒家坝群、西汉水群、大草滩群、石炭系、二叠系;中生界侏罗系、白垩系;新生界古近系、新近系、第四系(见图2-2和表2-1)。

表 2－1　区域地层简表

年代地层		岩石地层单位			代号	岩性岩相特征
新生界	第四系		河床冲积层		Qh^{al}	沙、沙砾石、卵石、漂砾、淤泥等，$0\sim5$ m
			河床阶地冲洪积层		Qh^{pal}	砂层、砂砾石层及亚粘土、亚沙土等，$0\sim10$ m
			黄土层		Qp^{nal}	由全新世黑垆土(Oh)和晚更新世马兰黄土和中更新世—晚更新世早期离石黄土(古土壤)组成。
	新近系	甘肃群	上岩组		NG^2	红色泥岩、粉砂质泥岩与灰绿色泥岩、灰白色灰岩互层，顶部以灰绿色泥岩为主，其中产双壳类、腹足类化石，厚度>130 m
			下岩组		NG^1	上部红褐色泥岩、砖红色粉砂质钙质泥岩、泥灰岩为主，夹有河湖相砂岩、砾岩(>285 m)；下部以砖红色砂砾岩为主(>72 m)
		八龙王山火山岩			N_∞	深源超镁铁质碱性火山岩
	古近系	火山岩小河子岩组	上岩段		$Ex\lambda^2$	暗红色流纹质角砾岩、流纹质晶屑熔结角砾凝灰岩、流纹岩及少量安山质、英安质角砾岩
			下岩段		$Ex\lambda^1$	灰绿色—浅灰色流纹质角砾岩、流纹质晶屑熔结角砾凝灰岩、流纹质角砾熔岩及少量含斑流纹岩
中生界	白垩系	下统	麦积山组		K_1m	紫红色厚层状砾岩、砂砾岩与含砾粗砂岩、粉砂质泥岩互层(>483 m)
	侏罗系		火麦地组		Jh	灰白色—褐灰色熔结凝灰质角砾岩夹凝灰质粉砂岩(>210 m)
			陈家庄组		Jch	浅灰色—灰白色纹层状流纹岩(?)，底部夹灰绿色粉砂岩(>74 m)(麦积山地区)
			炭和里组		Jt	灰绿色—褐灰色中厚层状—厚层状砾岩、砂砾岩、含砾砂岩夹薄层炭质页岩及煤线(产植物化石)(>312 m)
石炭系	下统	固城地区	巴都组	上岩段	c_1b^b	灰黑色—深灰色薄层状泥质板岩、粉砂质板岩、粉砂岩为主，夹中薄层状石英细砂岩及少量浅灰色—深灰色中薄层状含生物碎屑灰岩，含牙形刺、珊瑚、有孔虫等化石
				下岩段	c_1b^a	暗绿色—深灰色中厚层状条纹状粉砂质泥岩、钙质粉砂质泥岩、粉砂岩为主，夹深灰色中薄层状结晶灰岩、砾屑灰岩、浅灰色薄层状条带状泥灰岩、灰色—灰黑薄层状结晶灰岩
	上统	礼县地区	东扎口组		c_2d	主要为深灰色、灰绿色、黑色、灰黄色细—中粒砂岩和砂质粉砂岩、炭质泥岩为主，夹泥灰岩和薄煤层。底部为灰白色石英细砾岩夹薄煤层或黑色炭质页岩。灰岩呈薄层状、透镜状。煤系地层中含有植物化石，有 *Archaeocalamites* sp、*Neuropteris* sp、*Cordaites* sp. 等。
			下加岭组	四岩段	c_2x^4	灰色—深灰色、黑色薄板状泥晶灰岩、炭质泥岩、泥质粉砂岩夹砾屑灰岩、灰色钠长石化角砾岩(含有巨型角砾)、钠长石化粉砂岩
				三岩段	c_2x^3	下部以深在色—灰色条带状状细砂岩/泥岩为特征，层面上发育波痕、水平虫迹等。上部以粗碎屑为特征的砾质碎屑单元(碎屑流沉积：复成份砾岩、细砾岩、砂岩、泥岩组成粒序层的叠复)。
				二岩段	c_2x^2	黑色炭质粉砂质泥岩，粉砂岩夹灰黑—深灰色薄层状泥晶灰岩、硅质岩
				一岩段	c_2x^1	下部深灰—黑色炭质粉砂岩、炭质粉砂质页岩夹砂质泥岩；中上部为灰黑色炭泥质粉砂岩夹细砂岩条带；顶部为灰色薄层状砂岩夹灰色粉砂质泥岩、泥岩。含牙形刺、有孔虫、珊瑚等化石
	下统	麻沿河地区	刘家后山灰岩组		c_1l	上部灰深色中厚层状、块状晶粒灰岩、砂屑灰岩及生物碎屑灰岩夹灰色—深灰色钙质板岩、灰黑色含炭板岩；下部灰色—深灰色含粉砂钙质板岩、含炭钙质板岩及薄层泥灰岩，含牙形刺及孢粉化石
			麻沿河碎屑岩组		c_1m	灰色—深灰色—灰绿色薄层状—中厚层状粉砂岩、泥质粉砂岩、钙质粉砂岩。中部为黄褐色薄—中层状长石石英细砂岩，偶夹泥晶生物碎屑灰岩

年代地层			岩石地层单位	代号	岩性岩相特征
泥盆系	上统	大草滩群	砾泥岩组	D_3Dc^c	浅灰—灰色厚层块状砾岩、砂砾岩,浅灰色—浅灰绿色—灰色中—薄层状长石石英砂岩、粉砂岩及紫红色中—薄层状粉砂质泥岩、泥岩线成正韵律层
			红绿砂岩组	D_2Dc^b	紫红色—紫色—紫灰色中薄层状粉砂岩、泥质粉砂岩、泥岩与灰色—灰绿色中—厚层状含细砾长石石英砂岩、长石石英砂岩、细砂岩互层
			绿色砂岩组	D_3Dc^a	灰绿色中薄—中厚层状长石石英砂岩、细砂岩、粉砂岩及粉砂质泥岩为主,夹紫灰色粉砂质泥岩、泥岩
	中长统	西汉水群	双狼沟组	$D_{2-3}sl$	上部灰绿色细砂岩、粉砂岩与粉砂质板岩互层,夹紫红色粉砂质板岩及少量浅灰色薄—中层状或扁豆状灰岩;下部灰色含钙石英细砂岩与板岩互层,局部夹中厚层状灰岩及少量泥质灰岩。产腕足类和介形虫化石
			红岭山组	$D_{2-3}hl$	中厚层状—巨厚层状灰岩、生物灰岩夹泥灰岩,局部夹板岩。富含牙形刺、珊瑚、腕足、层孔虫及海百合茎等化石
			黄家沟组	$D_{2-3}h$	钙质砂岩、砂岩、粉砂岩、粉砂质千枚岩、板岩、灰岩、泥灰岩组成韵律层互层。富产腕足、珊瑚化石
	中统	舒家坝群	碳酸盐岩组	D_2sh^b	灰色—深灰色薄层状泥灰岩、中厚层状细晶灰岩及深灰色条纹—条带状细晶灰岩,局部夹中厚层状砾屑灰岩
			碎屑岩组	D_2sh^a	深灰色—灰色中—薄层状粉砂质泥岩与浅灰色薄—中层状砂岩、细砂岩、粉砂岩、粉砂质泥岩组成韵律层,偶夹浅灰色中—厚层状石英砂岩透镜体
未分泥盆系		龙潭构造地层体	粉砂岩岩段	DLt^c	灰色—深灰色薄层状或条带状石英粉砂岩/钙质石英粉砂岩互层,夹少量灰色薄层状灰岩,深灰色砾屑灰岩/大理岩;岩石致密坚硬
			灰岩岩段	DLt^b	灰色—深灰色薄层状结晶灰岩/大理岩、砾屑灰岩与深灰—灰黑色钙质绢云母千枚岩互层,褶皱变形强烈
			砂岩岩段	Dlt^a	灰—深灰色中薄—中厚层状变石英砂岩、变石英细砂岩夹少量绢云母千枚岩及薄层灰岩

(1)古元古界秦岭岩群

秦岭岩群断续分布,自东向西从利桥薛水禹沟、党川上宽滩、花庙河、李子园冷水河、暖和湾、甘泉寺峡河—化林沟、二十里铺两旦河罗家台子—园子沟到籍口—关子镇一带以及从社棠牛头河、北道—南河川渭河河谷—凤凰山到天水中滩—甘谷新阳渭河河谷中。为一套含石墨大理岩的中深变质岩系,总体被东西向断裂及中生代盆地分隔为若干块体,呈不连续的反"S"形展布。

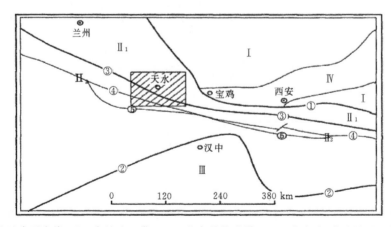

Ⅰ—华北地台西南缘;Ⅱ—秦岭造山带(Ⅱ₁—北秦岭构造带,Ⅱ₂—中秦岭、南秦岭造山带);
Ⅲ—扬子地台北部;Ⅳ—新生代盆地;①—洛南-栾川-明港断裂;②—北川-洋县、城口-房县断裂;
③—舒家坝-娘娘坝-唐藏-丹凤断裂;④—礼县-麻沿断裂;⑤—临潭-宕县-镇安断裂

图 2-1 研究区大地构造背景

（2）（中）新元古界宽坪岩群

主要为一套中深变质碎屑岩—碳酸盐岩组成的层状无序岩系，大部分为花岗岩体所吞没而呈残片出露。

2. 侵入岩

实习区侵入岩较为发育，大部分分布在东南和东北部，且多为酸性侵入岩。主要岩浆活动期为志留纪、泥盆纪、二叠纪、三叠纪。实习所见到的主要岩体有：

（1）石门岩体（$TSh_{\eta\gamma}$）

分布于北道区党川乡之北的上沟里—石门—放马滩一带。著名的石门风景区坐落于岩体中。石门岩体与秦岭岩群、宽坪岩群、草滩沟群等老地层接触均为侵入接触，局部见断层接触。与上覆白垩系（麦积山组）、新近系（小河子火山岩，甘肃群）等新地层间为角度不整合接触。

石门岩体主要为中粗粒似斑状黑云二长花岗岩：半自形粒状结构，块状构造，粒径 $2\sim4$ mm 不等。主要造岩矿物组成为钾长石 40%、斜长石 30%、石英 25%、黑云母 5%。

（2）党川岩体（$DC_{\eta\gamma}$）

党川岩体呈一大岩基状分布于北道党川乡一带。岩体与其它岩体间接触关系为侵入关系。与秦岭岩群、宽坪岩群、草滩沟群接触处为侵入接触，草滩沟群为区中最新的浅变质地层，时代为晚奥陶世，故党川岩体时代晚于奥陶纪。$Rb-Sr$ 等时线年龄确定党川岩体为泥盆纪。

（3）草川铺岩体

酸性、中性岩体，中间基性岩脉发育，如在别川河脑花岗岩体露头内见到煌斑岩脉。

三、地质构造特征

天水—西、礼构造盆地大面积沉积了古近系，盆地四周和基底的构造线，在北部基本上呈北西走向，在南部大致成近东西走向，组成梨树湾—皂郊镇背斜带、麦王山—甘泉寺向斜及刘家河—皇城背斜等褶皱构造，上寨断裂、高家山断裂、蒋家山断裂及康家河—罗玉沟断裂等断裂构造。

构造分述如下：

1. 梨树湾—皂郊镇背斜带

位于秦岭山脉北，全长达 43 km 左右，由六个小背斜组成。它们向东南斜列，而向西南错移，并成雁行排列型式。其中：

①皂郊镇小背斜：位于皂郊镇北，由古近系组成，轴向北西，轴长 15 km 余。

②麦王山-甘泉寺向斜：由新近系组成，轴向大致北西，且微向东北方向突出而呈不明显的弧形，到甘泉寺一带，轴线有向南或南西弯转及向东突出之趋势，轴长 37 km 余。

③后郎庙向斜：位于皂郊镇东，由 J_{1-2} 组成，两翼对称，岩层倾角平缓，一般在 $30°\sim35°$ 间，有次级小褶皱产生，主轴 300°，长 3 km 左右，南翼被断裂破坏。

④田家河向斜：位于皂郊镇东，由 J_{1-2} 组成，轴向 290°，可见长度 4 km，南北两翼被北西向压性断裂破坏。

2. 新阳—元龙大型韧性走滑剪切构造带

新阳—元龙大型韧性走滑剪切构造带是测区南部西秦岭造山带中北秦岭构造带与祁连造山带之间的构造边界。由于第四系黄土的大面积覆盖和花岗岩体的侵吞，该剪切构造带仅在天水北的新阳一带和天水北道东的元龙一带可以看到,向东延伸在渭河南岸花岗岩体中仍能见到糜棱岩的残余。最新获得的新阳和元龙两地糜棱岩的 40Ar/39Ar 年龄分别为 353±1.1Ma和366±0.6Ma(孟庆任,2004),指示至少在石炭纪已横切秦岭与祁连造山带曾发生强烈的走滑构造作用。

四、地貌

由于内外动力地质作用的影响,形成本区各种各样的景观。本区由于黄土及第三系的砂岩层的广泛存在,外动力地质作用的改造尤为强烈,如黄土梁、黄土峁、黄土柱及黄土陷穴的广泛分布,第三系砂砾岩发育的丹霞地貌及假石林地貌也独具特色。此外,有河流地质作用形成的阶地、冲积扇及重力地质作用形成的崩塌、滑坡及泥石流等现象在本区也较为发育。

五、矿产及矿化

本区矿产主要有产于前寒武纪地层中的大理岩、白云岩,产于河床冲积物中的沙金等以及部分岩金矿。同时,各种矿化现象也比较多见,如一些断裂带中发育的黄铁矿化、萤石化、重晶石化,发育在岩体及其接触带中的矽卡岩化和铀矿化等。

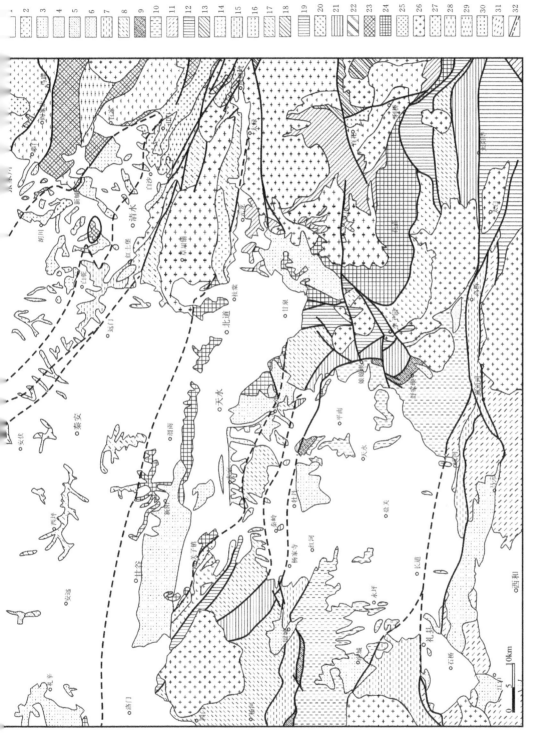

图 2-2 天水区域地质简图

1—新生界（新第三系—第四系）；2—老第三系火山岩；3—白垩系；4—三叠系；5—石炭—二叠系；6—大草滩群；7—舒家坝群；8—舒家坝碳酸盐岩单位；9—西汉水群；10—未分泥盆系；11—罗汉寺岩组；12—陈家河中酸性火山岩；13—陈家河变质碎屑岩；14—红土堡基性火山岩；15—胡芦河群变质碎屑岩；16—草滩沟群；17—李子园群/丹凤群；18—关子镇蛇绿岩；19—太阳寺岩组；20—太阴寺岩组；21—陇山岩群；22—秦岭岩群；23—印支期花岗岩；24—加里东—早海西区花岗岩；25—海西期闪长岩—石英闪长岩；26—加里东期闪长岩—石英闪长岩；27—元古代变形花岗岩；28—变形辉长岩；29—糜棱岩类；30—边界断层；31—逆断层；32—走滑-平移断层

第三部分 野外地质观察路线

　　根据教学要求及实习区具体地质条件,我们选择了十条地质观察路线。实习过程中,可根据实际时间及各专业的的具体要求,全部采用或选择其中若干条路线进行实习。

实习路线日程进程表

内容 日期		实习地点及内容	组织者
月	日	实习队组织准备阶段	
月	日	实习动员、要求及安全纪律教育、实习材料发放	院领导、带队教师
月	日	社棠镇牛头河	带队教师
月	日	别川河	带队教师
月	日	渭河峡口	带队教师
月	日	吕二沟(土林)	带队教师
月	日	石门(花岗岩)	带队教师
月	日	街子温泉、红罗村	带队教师
月	日	皂郊镇	带队教师
月	日	仙人崖－麦积山	带队教师
月	日	甘泉峡口	带队教师
月	日	董水沟	带队教师
月	日	卦台山	带队教师
月	日	矿床、矿点参观(机动)	带队教师
月	日	全体在教室讲课,地质资料的整理和报告编写方法、要求	带队教师
月	日	整理实习资料和编写报告	带队教师
月	日	验收整理的地质资料和报告收缴	带队教师
月	日	地质资料的批改和报告讲评、总结	带队教师
说明		1.全部实习进程,分外业实习部分和内业整理两部分,遇雨天可机动调整为内业资料整理; 2.多班实习,班级之间路线远近搭配;每天使用两辆车先近后远搭配接送,力求节约经费。	

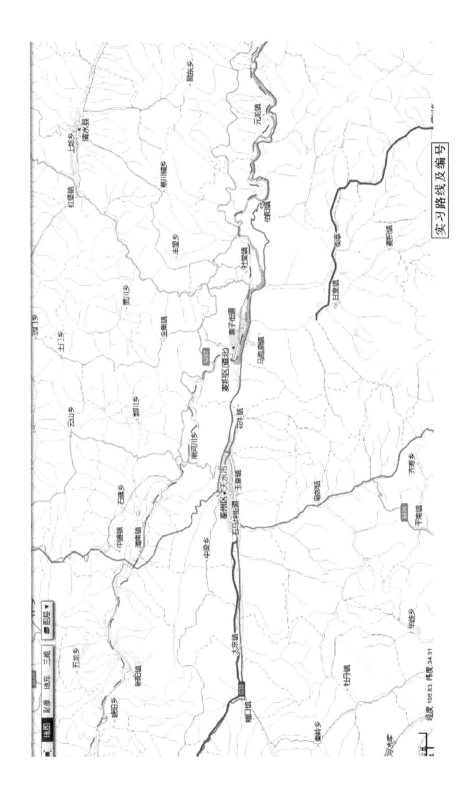

观察路线一　社棠镇别川河

一、位置

社棠镇星镇火机床厂后别川河。

二、观察点

No.1

点位:雷神庙铁矿,别川河沟脑,西支沟 500m 处小沟中。

点性:矿化点。

内容:

(一)矿化点观察

1.西支沟北坡花岗岩:浅肉红色,花岗岩中有围岩捕房体、析离体。

2.西支沟南坡矽卡岩化带:接触带所见大理岩中注入花岗岩脉体,说明原岩为石灰岩地层被晚期侵入的花岗岩体热变质的产物。

3.矽卡岩成矿(矿化带):黑色,产状不规则,不抗风化,铁染现象。

(1)矽卡岩矿化带认识。

(2)矿石认识:①原生矿石矿物:黄铁矿;②次生矿矿石物:赤铁矿、褐铁矿、铁矾等。

(3)脉石矿物:石英、角闪石、矽线石,方解石(脉)等。

(二)采矿工程观察

1.采矿掘进坑道认识

(1)现场讲解坑道布置要求:①轴线垂直于矽岩卡岩化带;②避开破碎带;③硐身掘进尽可能平直,便于通风;④坡度设计 $50°\sim80°$,便于排水和运输。

(2)现场讲解掘进施工工序:①设计放样;②打眼、爆破;③通风、排烟;④出渣(出矿);⑤坑道地质编录取样;⑥检核测量与放线;⑦多次重复①～⑥工序施工,直至满足设计要求。

(3)坑道测量、放样、地质编录、取样现场示范讲解。

(4)坑道地质编录取样安全规则、注意事项现场讲解。

2.西支沟沟脑北坡平台-露天采场认识

(1)现场讲解布置要求:①设计、放样;

(2)现场讲解施工工序:②打眼、爆破;③平台装矿。

No.2

点位:位于别川河沟脑西叉沟口约 50 m 处北坡。

点性:岩性界线点。

内容:花岗岩体及其与围岩的的接触关系:此处可见花岗岩与大理岩地层直接接触越变质的岩石,花岗岩的捕房体、析离体,如图 3-1 所示。(岩浆包围了围岩称捕房体,边界清晰突变;析离体—花岗岩中的 Fe-Mg 质暗色矿物相对集中,边界渐变过渡。)

要求:在听取教员讲解岩浆岩的野外观察方法后,对该处花岗岩的岩性特征进行详细观察,并作素描记录。

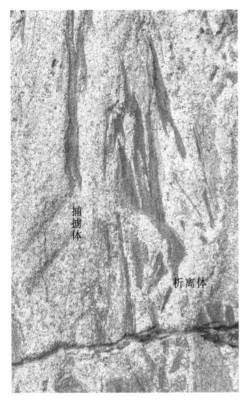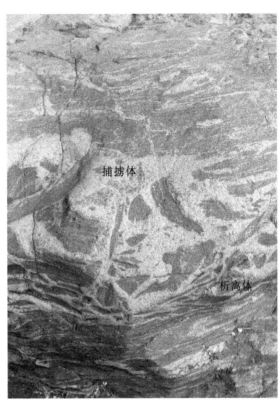

图3－1　别川河沟脑—西叉沟口花岗岩接触带捕掳体、析离体

记录要求:

①仔细观察花岗岩体与地层的接触关系,确定其接触关系类型,并观察接触带附近的同化混染现象;②作花岗岩体与AnЄ地层接触关系素描图。

思考题:

(1)花岗岩按其成因可分为几类? 此处花岗岩属何种类型? 依据何在?

(2)同化混染现象是如何形成的? 这种现象在野外如何进行观察?

注意:此点观察完毕后,沿河沟向下即进入变质岩地段,其多为片岩、片麻岩类,注意观察它们的岩性特征,分别给以正确命名,并记录之。

No.3

点位:位于别川河沟脑雷神庙铁矿西叉沟口石灰窑西北坡车便道拐弯处陡壁。

点性:构造、地貌点。

内容:

(1)花岗岩体断层挤压破碎带:基座花岗岩两侧的结构由节理破碎带中间为断层(标志:断层泥)形成高岭土化,断层面产状倾角陡立,界线清晰,使西叉沟口基座出现断层。

(2)基座阶地:壁坡顶部花岗岩的阶坎上堆积了2级洪积砾石层,砾石砾径20～40 cm,次磨圆状,分选差。

(3)大理岩角砾被水溶解 Ca 质再次胶结现象:西叉沟口石灰窑南约 20 m 处,白色大理岩角砾倒石堆,被水溶解 Ca 质再次胶结现象。

No. 4

点位:别川河沟脑南约 1500 m 处河沟两侧。

内容:在此处开始出现灰色、紫色及紫红色凝灰熔岩及角砾熔岩。

要求:由此点向下、向河沟两侧仔细观察并描述岩石的颜色、成分、结构构造等,并根据火山岩分类命名原则给以命名。

No. 5

点位:别川河沟脑南约 2100 m 处。

内容:仔细观察此处出现的肉红色花岗斑岩。

要求:仔细观察此处岩石的颜色、成分及结构构造,并注意观察岩石产状。

思考题:侵入岩按其形成深度分为几类? 该出岩石属于那类? 依据何在?

图 3-2

No. 6

点位:别川河沟脑南约 2200 m 处。

内容:此点开始出现爆炸集块岩(原围岩:经过再次爆破的片麻岩片麻理交错而体现)。

要求:观察并描述次火山岩、片麻岩爆破集块的成分、大小、排列方式及岩块间充填物等。

思考题:集块岩是何种地质背景下的产物? 其岩石成分又是什么?

No. 7

点位:别川河沟脑南约 2400m 处。

内容:此点开始出现较多的熔结凝灰岩。

要求:观察并描述该岩石的岩性特征,包括颜色、成分及结构构造,尤其要注意观察其中浆屑(火焰体)的形态、大小及排列方式。

思考题:

(1)熔结凝灰岩是如何形成的? 它反映何种地质环境?

(2)熔结凝灰岩往往呈似流动(假流纹构造),这种构造与流纹构造有何区别?

图 3-3

综合思考题:

本路线从 No.3 开始即进入火山岩地段,试归纳 No.3～No.6 区段内火山岩岩性(或岩相)的变化规律(可参考图 3-4)。由此变化规律是否能推断出火山口的可能位置?

图 3-4

No.8

点位:别川河谷堰塞湖遗迹。

内容:泥石流成因的堰塞湖遗迹位于别川河谷两侧谷坡顶部,疏松的风成黄土层下是致密的第三系红色泥岩隔水层,雨水饱和后,形成滑坡、泥石流冲入别川河谷,堵塞河道,在主河道阶梯状形成多处堰塞湖。堰塞湖天然堤坝,被水再次浸泡饱和,坝内洪水溢出形成垮坝泥石流,因此,别川河谷自上游多处泥石流堰塞湖叠加垮坝,越来越迅猛,冲毁了下游的工厂,陇海铁路、公路、农田。别川河谷现有的多道天然堤坝遗迹(如图 3-5)是当年堰塞湖遗迹。

要求:(1)观察两边谷坡顶滑坡、崩塌成因。

图 3-5　别川河谷堰塞湖遗迹

（2）观察两边谷坡顶滑坡、崩塌补给碎屑物，在别川河谷壅塞成多道天然堤坝泥石流成因。

（3）观察壅塞成多道天然堤坝遗迹碎屑物的差异，判断其成因。

No.9

点位：别川河中段。

点性：地貌点。

内容：黄土冲沟发育阶段。

（1）成因：植被不发育，土层疏松，雨水冲刷形成冲沟。

（2）冲沟自下而上：鱼鳞坑—台阶状—沟。

（3）植被发育地段沟小。

（4）落水洞穿通后形成冲沟，也可形成"天生桥"。

（5）防护、治理：沟头防护试验；加强植被、立水泥柱护坡。

图 3-6　天水社棠镇、别川河谷、丁环岭段东坡黄土冲沟形成图

No.10

点位：星火厂后门北 300 m 东岸（图 3-7）。

图 3-7　别川河谷、星火厂后门北 300m 东岸 酸性火山岩中基性岩捕虏体、烘烤边

内容：(1)基性小岩体侵入早期的火山岩地层，发生烘烤变质现象。

(2)晚期的断层构造切割岩体、火山岩地层。

(3)岩体、火山岩地层基座堆积洪积物，形成基座阶地。

No. 11

点位：别川河星火厂后门北 200 m 东岸

内容：别川河谷东岸、丁环岭路旁第三系红色碎屑岩地层、第四系黄土、冲洪积物阶地与别川河火山岩地层接触关系，以及别川河火山岩地层的相对年代判定。

三、路线小结

(1)别川河谷沟脑花岗岩与石灰岩(大理岩)接触带形成的矽卡岩型铁矿床。

(2)别川河火山岩地层中，以次火山岩体、集块岩为中心(火山口)，两侧岩相带—火山熔岩、溶解凝灰岩、凝灰岩对称分布变化(火山锥)，所反映的火山机制。

(3)别川河谷两岸山顶第四系疏松黄土(透水层)与下部第三系红色泥岩(隔水层)沿构造断裂带的陡坡形成崩塌—滑坡—泥石流—堰塞湖—洪水泥石流地质灾害。

(4)别川河谷东岸往丁环岭道路旁边第三系红色碎屑岩地层、第四系黄土、冲洪积物阶地与别川河火山岩地层沉积接触关系，判定别川河火山岩地层的相对年代为老第三纪。

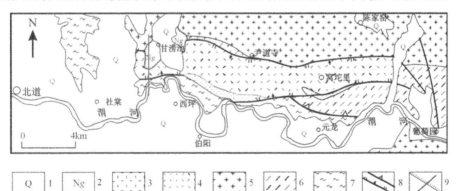

图 3-8　北祁连造山带东段地质构造略图(据 1：25 000 天水市幅和宝鸡市幅资料，2004 修编)

观察路线二 皂郊

一、位置

皂郊。

二、路线

秦城—西和公路袁家河—老虎沟段沿线皂郊背斜。颜家河—316国道2565 km处—段家沟。

三、观察点

No.1

点位:袁家河村对岸公路桥对面河流西岸。

点性:岩性点、构造点、地貌点。

内容:

1.岩性:C-P变质岩为灰绿色板岩、千枚岩,其中发育劈理、石英脉。

2.构造:①千枚岩与原岩的剪节理、张节理构造;②石香肠构造,有石英脉沿张裂隙注入形成石香肠构造;③原岩中变余的交错层理,变余沙砾构造;④断层(逆平移逆断层)断层依据:擦痕,角砾岩、泉(富水带)。

图3-9 发育在皂郊袁家河村对岸石香肠构造分析图

3.地貌

(1)单斜岩层形成的单面山(猪背岭)。

(2)河谷地貌:①V字型微型谷、河床;②河漫滩的二元结构—沉积物砾石与粘土的明显分层;③心滩;④边滩;⑤河流拐弯侧蚀与建设工程防护问题。

要求:

(1)观察并描述C-P地层的岩性特征。

(2)认识和观察层理,量取层理产状,较熟练掌握罗盘的使用方法。

（3）观察岩层中变余层理,变余沙砾现象。

（4）观察该石香肠构造特征,讨论其成因。每人作一素描图。

思考题:

（1）层理按其形态可分为那几类? 该地层理有哪三类?

（2）如何识别层理,测量岩层产状?

（3）石香肠构造与一般褶曲有何区别?

（4）地质素描图与照相有何区别? 地质素描绘图要点和图形要素有哪些?

注意:沿公路继续往北至下点路程中 k 留心观察岩性及岩层产状变化。

No. 2

点位:316 国道 2565 km 处。

点性:构造点、地貌点。

内容:地貌点—古风化壳(向 S)。

坡积物:积岩两边呈倒石堆。

洪积物:分选性好

（1）构造:破劈理带:节理、破劈理密集带引起的岩石破碎道路工程塌方段,破劈理密集发育的塌方带可称为"岩崩现象"。316 国道 2565 km 处,这里的陡崖是修国道时开挖路基所留,节理、破劈理产状顺坡延伸,发育密集,频率达到 15 条/米,岩石破碎,修路的坡角陡,工程上要求事先对坡积物处理时需进行剥离或选线时避让,但未实施。1983 年暴雨引发山体崩塌,阻塞道路,交通中断,后来经过清理,石渣堆放在公路外侧的河床中,碎石渣中无泥土,属于岩崩。

（2）工程原理和施工规范规定,公路施工中,土方、石方安全坡角不同。这里无论山体陡崖,土方、石方采用统一坡角,显然不符合规范。必然在公路营运过程中出现边坡塌跨。

（3）该点南侧土坡露头由苔藓可见古风化壳界面,并在山体陡崖的石渣分选磨圆差异,可区分残积物、坡积物、洪积物。

要求:

（1）观测节理破劈理密集的岩崩及其石渣。

（2）由分选磨圆差异,区分残积物、坡积物、洪积物。

图 3-10　316 国道 2565 km 处古风化壳界面

No. 3

点位:上点沿 316 国道公路往北 2565 km+500 m 处,东侧岔沟—段家沟中的乡间便车道。

点性:构造点、岩性点、地貌点。

内容:

(1)岩性:岩性为厚层紫红色泥岩(褪色后变为橘黄色)和薄层砂岩粉砂质泥岩。

(2)构造:逆断层及其拖褶皱。

①拖褶皱构造;②断层破碎带标志:断层泥(砂糖粒状、褪色后变为橘黄色)。

(3)构造地貌:对口沟产状陡立,受"V 字型"影响较小,沟口相对。

要求:

(1)观察断层,注意观察描述断裂带特征,确定断层性质。

(2)量取断层两盘岩层产状。

(3)练习绘制路线地质剖面素描图。

图 3-11　远眺望 316 国道公路 2565 km+500 m 处东侧岔沟—段家沟中的乡间便车道构造远眺

No. 4

点位:从上点过河返公路往北约 1000m 处。

内容:此点岩层产状明显北倾,进入皂郊背斜北翼。此点为 C-P 棕红色石英砂岩。地层产状由前几点所见的向南倾斜状态在次点变为平缓波状,总体产状近于水平,次即皂郊背斜转折端部位。在此处还可见一规模较大的"X"节理。

要求:

(1)观察描述岩层岩性特征。

(2)量取岩层产状,并与前几点产状比较。

(3)观察描述"X"节理,并讨论该节理与皂郊背斜的成因联系。

综合思考题:

(1)由 No. 1～No. 4 点,岩层产状变化有何规律?试恢复皂郊背斜总体形态,并以图示表现之。

(2)在大面积覆盖区,观察规模较大的褶皱应注意哪些方面?

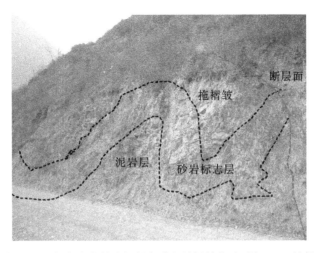

图 3-12　段家沟中的乡间便车道北坡褶皱构造（图 3-11 局部）

观察路线三　仙人崖—麦积山

一、位置

仙人崖麦积山一带。

二、内容

麦积山风景名胜区包括麦积山、仙人崖、石门、曲溪四大景区和街亭古镇。其中，以仙人崖、麦积山老第三系红色砂砾岩地层形成典型的丹霞地貌。

三、观察点

No.1 仙人崖丹霞地貌

仙人崖位于天水市麦积山乡朱家崖村，白垩系红色砂砾岩由于长期的风化及流水的侵蚀，这里显见新月形凹槽及山梁。（见封面彩图。）

仙人崖景区距麦积山石窟 15 km，山巍、水秀、崖俊、林密，自然风景秀丽；人文景观仅次于麦积山景区，寺观、庙宇、窟龛多建于高耸的峰顶或凸凹的飞崖间。仙人崖由三崖、五峰、六寺所组成。翠峰高耸于崖顶，寺观修建于峰顶或飞崖之间，颇有雅趣。三崖，依其方位，名曰东崖、西崖、南崖。五峰即玉皇峰、宝盖峰、献珠峰、东崖峰和西崖峰。六寺为：木莲寺、石莲寺、铁莲寺、花莲寺、水莲寺和灵应寺。"五峰"和罗汉沟群峰众相参差罗列，姿态万千，若揖拜"玉皇峰"，人称"十八罗汉朝玉帝"。自南北朝以来，历代在这里均有建筑和雕塑造像，遗憾的是多被损毁，遗存甚少。这里现存的寺宇是经唐、宋、明、清等朝代建筑和重新修缮的，部分泥塑为北魏晚期作品。长期以来，这里是释、道、儒三家共存的风景胜地。

No.2 麦积山

麦积山风景区，距天水市 45 km，森林茂密，松树挺拔洒落。久负盛名的麦积山石窟位于景区内，登高远眺，山崖拔地而起，高 80 m，山势险峻，周围绿树成林，层峦叠嶂，环境清幽，使

21

人心旷神怡。麦积山由于石质疏松,不宜于精雕细凿,主要以泥塑著称于世。泥塑有高浮塑、圆塑、粘贴塑、彩塑四种。多采用"以形写神"和"形神兼备"的传统手法,上彩不重彩,或者直接用素泥表现质感。洞窟内自后秦至清代各代作品几乎都有,均保持着各自的时代特色,系统地反映了我国泥塑艺术的发展、演变过程。洞窟形制主要有人字坡顶、方塌四面坡顶、拱楣、方楣平顶、方形平顶、圆形小浅龛、盝顶等,是研究古代建筑的珍贵实物资料。麦积山石窟,以她1500多年的历史,绝世仅有的泥塑艺术,与敦煌莫高窟、大同云岗和洛阳龙门石窟,并称为我国四大石窟艺术,被誉为"东方雕塑馆"。

图 3-13 麦积山

麦积山风景区为白垩系出露区,由于差异风化及构造、冲蚀作用影响,形成麦垛状山包,即是该套岩石形成的特殊地貌景观。形态各异,微倾斜的紫红色砂砾岩层清晰可见。白垩系红色砂砾岩质地坚硬,节理发育,形成70～80m高悬崖峭壁,因望之团团,为典型的丹霞地貌,因形如农家麦垛而得名。

泥塑题材有佛、菩萨、弟子、天王、力士等。各种塑像栩栩如生,表情逼真,喜、怒、哀、乐、虔诚、天真、慈祥等表现得淋漓尽致,极富生活情趣,有的甚至是彻底的世俗化。除泥塑之外,还有少量的石刻造像和造像碑,构图紧凑,线条流畅,富于质感。还有不少碑碣和历代文人的诗赋颂赞,如庾信的《秦州天水郡麦积崖佛龛铭》,杜甫的《山寺》诗等。

四、要求

(1)在盘山公路观景台远观丹霞地貌,讨论地貌的成因。

(2)游览仙人崖、麦积山,观察地层的岩性特征及产状。讨论麦积山山体的成因。

观察路线四　清水牛头河

一、位置

社棠镇牛头河。

二、路线

桑园里对岸公路—杨家碾南

三、内容

1.了解An∈地层,观察交代成因花岗岩(改造花岗岩),并与岩浆成因花岗岩进行特征对比。

2.观察断层并掌握断层判断依据。

3.仔细观察几种热液蚀变:硅化、萤石化、黄铁矿化、重晶石化。

4.认识脉岩:伟晶岩脉、石英脉、花岗岩脉。

5.观察层间滑动造成的压力变质矿物:透闪石、电气石、阳起石等。

6.变质岩区的一些小构造:石香肠、窗棱、肠状构造等。

社堂牛头河秦岭岩群(AnЄ)区域地质剖面	
中细粒黑云母花岗岩(剖面北界)	
————————侵入接触————————	
大理岩-钙硅酸粒岩岩组($Pt_1 Qn^{mb}$):	
(11)钙质糜棱岩	320.1 m
(10)(含石榴石)二云斜长片麻岩	612.1 m
(9)薄层透辉斜长石粒岩,夹(含石榴石)黑云斜长片麻岩或互层,偶夹薄层透辉石大理岩。北侧发育糜棱岩化	558.1 m
(8)中厚层—厚层白色粗粒大理岩和灰色细粒大理岩	436.3 m
(7)(含石榴石)黑云斜长片麻岩夹薄层—中厚层大理岩、透辉斜长石粒岩或互层	292.0 m
长英质片麻岩岩组($Pt_1 Qn^{ogn}$):	
(6)(含石榴石)黑云斜长片麻岩,偶夹斜长角闪岩	498.6 m
(5)石榴矽线斜长片麻岩夹(含石榴石)黑云斜长片麻岩或互层	70.0 m
(4)(含石榴石)黑云斜长片麻岩,偶夹斜长角闪岩	1382.3 m
富铝片麻岩岩组($Pt_1 Qn^{pkn}$):	
(3)石榴矽线斜长片麻岩夹(含石榴石)黑云斜长片麻岩或互层	88.7m
(2)(含石榴石)黑云斜长片麻岩夹透辉斜长石粒岩、透辉方柱石粒岩或互层	135.8m
(1)白色中粗粒(含石墨)大理岩	89.6m
————————————————————	
第四系黄土覆盖(剖面南界)	

四、观察点

No.1

点位:桑园里西北牛头河对岸河流拐弯处的公路边。

点性:石榴石矿物点和离堆地貌。

内容:观察 AnЄ 中的石英脉及含石榴子石、黑云母花岗片麻岩中的钙铁石榴子石,呈四角三八面体规则的几何体形态,大者直径 3 cm,一般 1.5～2 cm,呈咖啡色或深褐色,硬度高,无解理。

①"离堆"山地貌:由于牛头河的改道,河谷下切,形成新河道,新旧河道之间切割残留孤山称"离堆山";②留遗迹:山体有阶地;河流堆积物下粗上细,下层砾石层、上层水成黄土层要求:认识并掌握石榴子石的特征。

图 3-14　离堆地貌

思考题:石榴子石的成因及产状有哪些? 石榴子石的鉴定特征及产出状态有哪些?

No.2

点位:上倪村北公路拐弯处沿途 200 m 左右范围内。

内容:观察花岗岩接触带。

要求:沿途指示学生系统观察花岗岩的颜色、成分及花岗岩中变质岩的产状及接触关系。

思考题:花岗岩和变质岩的接触关系为什么会出现过渡状态? 变质岩产状为什么有一定的走向及倾向? 据此推断,这里的花岗岩应属何种类型的花岗岩?

总结:总结此处的花岗岩类型及依据。

图 3-15 牛头河内天(水)—清(水)公路约 20 km 路西侧地质剖面图

No.3

点位:徐家里对岸河边。

内容:观察大断裂带及带内硅化、黄铁矿化、重晶石化、萤石化、糜棱岩等蚀变及花岗斑岩脉。

要求:

(1)仔细观察断层角砾岩及上述几种蚀变岩、统计花岗岩脉的条数。

(2)每小组打一套角砾岩、糜棱岩、重晶石、萤石、黄铁矿、硅化岩标本。

思考题:上述地质产物说明了什么? 研究这些现象有何意义?

总结:判断野外断裂带及断层性质的标志。

An∈云母片岩及条带状混合岩中侵入多条花岗岩脉和伟晶岩脉,黑云母花岗伟晶岩中含大量黑色电气石,沿伟晶岩边缘发育断层破碎带,使伟晶岩局部破碎成角砾岩、片岩化碎斑岩,局部有糜棱岩,沿裂隙充填黄色铁、黑色硅质、紫色、黄色萤石、白色重晶石等热液脉体,并有弱硅化、红化现象。

No.4

点位:白云石厂水井 305 省道 123.6 km 处。

点性:断层构造点。

内容:断层产状舒缓波状断层,断层面产状 201°∠760°(远眺上部估值)。侧面观察:断层面上下部分倾向出现变化,上、下盘位置和断层性质判断也会发生变化。

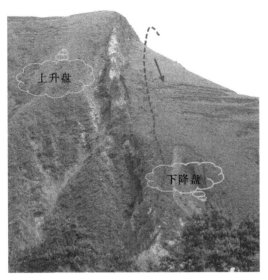

总体西盘下降、东盘上升,但因为断层面产状"S"变化。

影响上下盘相对位置变化,从而表现出断层性质变化——上正、下逆。

图 3-16 清水牛头河 1487 高地"S"形断层带

No.5

点位:白云石采矿厂。

点性:岩性点。

内容:

(1)白云石矿($MgCO_3$):金属冶炼厂的催化剂(铁熔点 1800℃,加入白云石 1200℃可化为铁水)、吸附剂(吸附脉石和焦碳等杂质)。

(2)化学分析鉴定:滴 Mg 试剂白云岩变粉红,石灰岩不变色。加稀 HCl 都起泡。

(3)观察层间滑动现象及其造成的应力变质矿物:透闪石、阳起石、电气石等。

(4)观察基性岩浆岩脉:黑色,呈岩墙状产出。

要求:观察并掌握透闪石、电气石、阳起石的物理性质并予以比较。

思考题:上述矿物的成因及产状有哪些?

总结:接触变质矿物的特征。

No.6

点位:白云石厂两岸采石场。

内容:观察AnЄ变质岩、白云岩、断层、基性岩墙。

要求:

(1)在指定的露头观察白云岩的产出形态、矿物成分及晶体大小。

(2)测量断层的产状,判断断层的性质。

(3)找出岩墙的依据,岩墙的产出部位及岩石性质。

(4)作素描图。

思考题:该点有几条段层? 岩墙的成因是什么?

总结:变质岩区长发育的小构造特征。

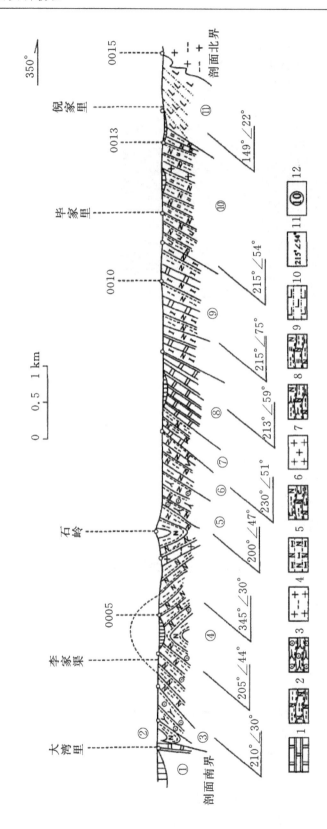

1—大理岩;2—黑云斜长片麻岩;3—矽线石榴片麻岩;4—黑云母花岗岩;5—透辉石斜长石粒岩;6—含蓝晶石黑云斜长片麻岩;7—花岗斑岩;8—含矽线石黑云斜长石麻岩;9—二云母斜长片麻岩;10—钙质糜棱岩;11—产状;12—分层号

图3-17 天水牛头河秦岭岩群代表性表性剖面(天水牛头河大湾里—倪家里剖面)

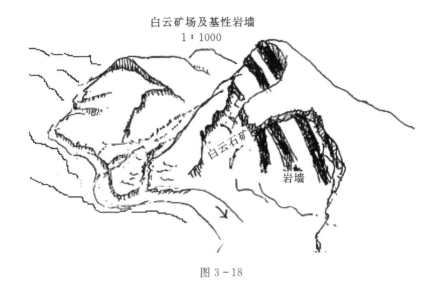

白云矿场及基性岩墙
1：1000

图 3-18

No.7

点位：清泉电站下游 300 m 陡崖。

点性：断裂褶皱构造。

内容：变质片岩中，在断裂带两盘相对错动中，沿着产状平缓的断裂面，推覆、拖拽成次级断裂褶皱构造。褶皱轴面产状各异，形成较复杂的断裂褶皱构造。

要求：观察断裂褶皱构造，分别量测出（高处可估）各组构造的产状，并作素描图。

思考题：

(1)断裂、褶皱构造的主次关系是什么？

(2)断裂褶皱构造有那些类型？

No.8

点位：麦积区社棠镇石岭寺村南 100 m 岔路口陡壁。

点性：花岗岩接触带。

内容：公路西陡崖，可见草川铺花岗岩体的西边缘带，呈侵入接触关系。花岗岩脉体，侵入早期的变质片麻岩中，接触带参差不齐。

要求：

(1)分别观察花岗岩、变质片麻岩以及接触带岩石成分的差异。

(2)测量变质片麻岩片理产状、花岗岩体接触带产状，判别岩体与围岩的接触关系。

No.9 红土堡基性火山岩

点位：305 省道 2 km 处小泉电站渠首坝下。

内容：北祁连东段红土堡基性火山岩分布于渭河断裂北侧，由于黄土高原覆盖和加里东—印支期花岗岩侵入，呈北西—南东向带状断续展布。为一套低绿片岩相变质的基性火山岩系，主要岩性有：以灰绿色块状变玄武岩，杏仁状枕状变玄武岩，辉长（绿）岩墙侵入其间，变玄武岩中夹有薄层状、透镜状硅质岩。岩石矿物颗粒细小，一般＜0.5 mm，局部见变余枕状构造。

基性火山岩出露不全（见图 3-19），南部被逆冲断层所限，北部为第四系覆盖。基性火山岩整体上构成向斜构造，变玄武岩岩枕被压扁拉长，通过岩枕产出形态判断，基性火山岩系向北倾为

27

正常产状。火山岩的原始岩浆不同程度遭受了陇山岩群的混染。为典型的蛇绿岩单位。

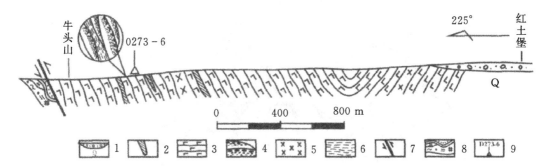

1—第四系；2—硅质岩；3—变玄武岩；4—变杏仁状枕状玄武岩；5—辉长岩；6—凝灰质
填隙物；7—逆冲断层；8—断裂破碎带；9—采样位置及编号

图 3-19　甘肃清水县红土堡基性火山岩地质剖面图

它对进一步研究北祁连造山带东段大地构造格局、构造演化以及北秦岭—北祁连衔接关
系具有重要意义。

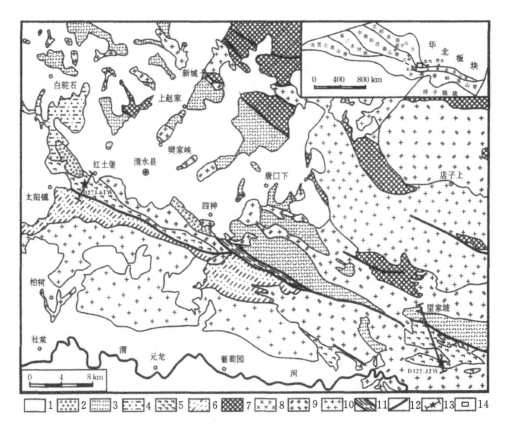

1—新生界；2—白垩系；3—晚奥陶世陈家河组中酸性火山岩；4—晚奥陶世陈家河
组变质碎屑岩；5—晚奥陶世红土堡变质火山岩；6—南带—葫芦河群变质碎屑岩；
7—元古代陇山岩群；8—辉长岩；9—印支期二长花岗岩；10—加里东期花岗岩；
11—韧性剪切带；12—断层；13—剖面及采样位置；14—研究区

图 3-20　北祁连造山带东段地质构造略图(据1∶250 000 天水市幅和宝鸡市幅资料，2004 修编)

要求：

（1）认识基性火山岩岩性、结构、构造。

（2）测量变质玄武岩中脉体产状、岩体接触带产状，判别火山岩体与第三系沉积围岩的接触关系。

（3）理解红土堡基性火山岩体，对进一步研究北祁连造山带东段大地构造格局、构造演化以及北秦岭—北祁连衔接关系具有重要意义

思考题：为什么用它来加工"庞公玉"？它对于地方经济发展有何意义？

观察路线五　石门—街子温家峡

一、位置

石门后山水库、街子温家峡。

二、路线

石门后山水库、街子温家峡。

三、内容

1.石门花岗岩体及其岩体内断裂构造。

2.温家峡An∈中的肉红色大理岩、角闪石片岩。变质岩中肠状构造及小褶曲。

3.温家峡宏罗村温泉。

四、观察点

No.1

点位：石门山（廖家河坝岩体）。

内容：

1.天水石门景区

石门山在天水市北道区东南 50 km 处的西秦岭中，海拔 2904 m，林木荫郁，层峦叠翠，上出金霄，下临渚水。石门因其峰峦奇秀，岚雾常留，而被誉为"甘肃的小黄山"，在著名的麦积山风景名胜区内。

石门山由于自然风景奇绝秀丽，被誉为陇东南三大名胜之一，是人们向往的游览胜地，距仙人崖景区 15 km。以石门山为主，周围有众多自然景点和人文景观，人之愈深，愈给人以"山涧横黛色，数峰出人间"的感受，景景相连，美不胜收。

石门山因南北峰对峙，中间有一深不可测的缺口，望之如门，且南北峰之间的聚仙桥下石壁上，有一大方形黑浑圈，状若门楣，因而得名。

2.石门岩体（TSh$_{\eta\gamma}$）

分布于北道区党川乡之北的上沟里—石门—放马滩一带。著名旅游风景区石门风景区坐落于岩体中。石门岩体与秦岭岩群、宽坪岩群、草滩沟群等老地层接触均为侵入接触，局部见断层接触。与上覆白垩系（麦积山组）、新近系（小河子火山岩，甘肃群）等新地层间为角度不整

图 3-21　石门景区

合接触。

　　石门山花岗岩主要为三叠纪中粗粒似斑状黑云二长花岗岩,岩石学特征为半自形粒状结构,块状构造,粒径 2～4 mm 不等。主要造岩矿物组成钾长石 40%,斜长石 30%,石英 25%,黑云母 5%。其中钾长石多呈:半自形—它形柱粒径。

　　石门岩体与秦岭岩群、宽坪岩群、草滩沟群等老地层接触均为侵入接触,局部见断层接触。与上覆白垩系(麦积山组)、新近系(小河子火山岩,甘肃群)等新地层间为角度不整合接触。石门山的南峰及北峰均为侵入在中泥盆统大草滩群的变质岩(黑云母石英片岩夹少量变质砂岩)的花岗岩体构成,为灰白色黑云母花岗岩,有花岗伟晶岩岩脉的穿插。花岗岩岩体内东西向断裂特别发育,特别是东西向的垂直节理是构成石门地貌的构造基础。

　　要求:

　　(1)详细观察花岗岩(γ_{2-3})的颜色、成分、结构、构造等特征。

　　(2)详细观察花岗岩与 A 的断层接触,以及断层存在的标志、断层的性质、断层的产状等。

　　(3)观察花岗岩形成的山地地貌。

　　(4)每人作一幅断层素描图。

　　No.2

　　点位:街子护林站。

　　点性:地貌点,构造点、岩性点。

　　内容:

　　(1)工程地质现象:

　　坡积物:沟陡壁渗水,渗入到岩层节理,因为冻、融"冰劈作用"而形成的倒石堆,棱角显著。

　　结构:上坡细下坡粗。

剖面结构:①风化的腐蚀质;②中层倒石堆;③下层基岩岩石。形成不良的工程地质现象,易发生滑坡

(2)条带状混合岩:河谷中An∈变质岩中条带状混合岩、片麻岩,肠状构造及小褶曲;浅色的主要矿物肉红色K长石,石英,深色条带成分为:黑云母、角闪石、绿泥石等。

(3)认识河谷冲积砾石中,碎屑沙砾岩、变质成因和岩浆成因的花岗岩、片岩。

要求:

(1)了解倒石堆工程地质现象。

(2)认识变质岩的典型结构、构造、成因,作素描图。

(3)现场拣块对比常见岩石标本,认识比较典型岩石。

No.3

点位:街子护林站向东30 m处公路内弯陡壁。

点性:构造点。

内容:

(1)识别变质板岩:颜色青灰色,矿物成分为:黑云母、角闪石、绿泥石等。

(2)识别节理构造:剪节理,节理面有羽状条带构造面(擦痕);X共轭剪节理面产状:149°∠81°,57°∠55°;张节理,见人工爆破面构造面,爆破面产状203°∠65°。

(3)识别大型线理:窗棱构造。

No.4

点位:街子护林站向东100m处去杨家山叉路口陡壁。

点性:地貌点。

内容:

坡积物、洪积物、河谷阶地冲积物对比:①上层坡积物:磨圆度好,分选性差;②中层残积物,洪积物沉积砾石成份,磨圆度差,有少量河谷的花岗岩体嵌入,说明是由于古河道的冲刷而成;③下层基岩沟口改道,原来下切的沟槽充填洪积物,与基岩界面显示原沟槽断面。

No.5

点位:街子护林站向东150m弯道外壁处。

点性:断层构造点。

内容:逆断层构造破碎带标志:构造角砾岩,擦痕和镜面构造透镜体。断层产状与坡向坡角一致,施工中称为"正山",需要剥离上盘,未剥离的部分会诱发崩塌事故。

No.6

点位:街子护林站向东300 m处。

点性:地貌点。

内容:采石场,护坡,挡石护坡。

No.7

点位:温家峡沟内1000 m河对面标注"D19"处。

内容:温泉。

要求:

(1)将温泉与地表水温作一比较。

(2)观察温泉的涌水量、透明度、味道等。

思考题:判断温泉性质的依据是什么?

总结:温泉的成因与性质有哪些?

图 3-22　温泉叉沟口条带状混合岩

No. 8

点位:温家峡口距 No. 2 点东 200 m 处。

内容:

(1)观察AnЄ的岩性特征。

(2)AnЄ肉红色大理岩、角闪石、片岩。

要求:观察大理岩的特征。

思考题:大理岩的成因及其与围岩的接触关系是什么?

观察路线六　渭河峡口

一、位置

渭河峡口西岸。

二、路线

苗圃西南渭河边—苹果园。

三、内容

1. 阶地构造及阶地剖面。

2. Nb/AnЄ角度不整合接触。

3. 切穿第四系及第三系正断层及阶梯状断层。

4. 近代河流沉积(Q_4)中的斜层理、流痕。

5. 迭加(重)褶皱—翻卷褶皱。

6.文象花岗岩。

四、观察点

No.1

点位:苗圃西南渭河边起向北至苹果园。

内容:观察一条四级阶地剖面及河流侧蚀作用。

(1)在渭河流域总体应有四级阶地,但在此处只能明显的观察到Ⅰ级和Ⅱ级,Ⅲ级和Ⅳ级由于遭受各种地质作用破坏,从地貌形态上看表现不明显。

(2)渭河水流从峡口流出后,由于受到地势及藉河的影响向西南偏西改为由西向东流向,在河道弯曲处,我们即看到凹岸(西岸)受到强烈的侧蚀作用。

要求:通过此点的观察要求大家掌握河流阶地的含义、类型的分类、研究的意义及野外观察和测量阶地的方法,每人作阶地剖面素描图一幅。

思考题:侧蚀作用在此处有什么危害?应当怎样加以防治?

No.2

点位:苹果园南头大路西北侧。

内容:观察 Nb /AnЄ角度不整合接触;切穿第四系断层;新第三系(N_b)以角度不整合覆盖与AnЄ大理岩、花岗片麻岩之上,新第三系底部有底砾岩,其上主要为灰绿色泥岩。第四系 Q_4 为冲击砂砾,分选差,磨圆好,局交错层理,由于滑坡作用在 Q_4 之上又被新第三系和第四系(Q_3)黄土所组成的滑坡体所覆盖。

要求:(1)在指定的露头上观察上述现象,并讨论它们形成的原理、哪种现象属新构造、阶地上的砾岩与 Nb 中的的底砾岩有何不同,之后教师加以解释。

(2)每人作 Nb 与AnЄ角度不整合、并用文字加以说明。

图 3-23　角度不整合

No.3

点位:园艺站叉路口。

点性:构造点、岩性点。

内容：

（1）岩性：中间山体陡崖不整合面上覆 Q 硅质胶结的拉牌层砾岩；磨圆度高；砾石层硅质胶结物，硬度极高，耐风化，又称"拉排层"为第四系沙砾岩层。

（2）下伏基岩断层构造：先逆后正的断层面直接标志——镜面、擦痕、阶步、拖褶皱：

①擦痕镜面，开口参差不齐，断层面产状为 230°∠46°；

②层间拖褶皱：显示正断层；

③层面中间有挤压碎裂岩存在，说明断层先逆后正。

（3）人工探槽及其作用：

①垂直构造线设计布置；

②深度要求穿过风化层到基岩；

③要求帮底编录和刻槽取样。

No.4

点位：园艺站上山路拐弯叉口。

点性：构造点、岩性点。

内容：

（1）岩性：

Q：第四系黄土；

N_b：上第三系下部灰绿色底砾岩，含砾泥岩、砂岩；

An∈：前寒武系片岩、片麻岩、混合岩及花岗岩。

（2）构造：迭加（重）褶皱—翻卷褶皱及相邻逆断层；初看似乎为简单的背形向形，但追索标志层发现是迭加（重）褶皱—翻卷褶皱。

图 3-24　变质岩中的叠加褶皱图

（3）相邻逆断层：在右侧沟坎紧邻断层，断层面倾向 NE，次生拖褶皱弓突方向指示上盘上升为逆断层。

要求：

（1）观测地层的角度不整合关系。

(2)观测活动性压性断层(图3-6-2中部)。

(3)绘制迭加褶皱—翻卷褶皱素描图一幅。

No.5

点位:园艺站叉路口途中路下陡壁。

点性:岩性点、构造点。

内容:

岩性:AnЄ:前寒武系片岩、片麻岩、混合岩及花岗岩脉。北侧为文象花岗伟晶岩;沿早期剪节理穿插含石墨石英脉体,构成"井"形格架。

要求:

(1)观察文象花岗伟晶岩及含石墨石英脉并取样。

(2)素描图一幅。

思考题:石英脉与什么矿产有关? 含有石墨对成矿有利还是不利?

图3-25 下山途中观察文象花岗伟晶岩及含石墨石英脉

No.6

点位:苗圃北头陡壁处。

内容:观察 Nb/AnЄ角度不整合接触及阶梯状断层。

要求:在指定露头上观察上述内容,重点放在阶梯状断层上;每人作一幅剖面素描图。

No.7

点位:天水锻压机床厂后北山滑坡体。

点性:重力地貌—滑坡点。

内容:

(1)滑坡体周边的地形地貌特点:黄土台地前缘、封闭洼地;后延陡坎

(2)地层岩性:表层第四系风成黄土疏松,下伏 Nb:上第三系下部灰绿色底砾岩,含砾泥岩、砂岩;AnЄ:前寒武系片岩、片麻岩,基岩致密不透水。在黄土与基岩之间形成含水层。

(3)形成滑坡主要原因:①地形陡峭;②人工开挖:天水锻压机床厂扩大厂区,把北山的坡脚挖悬空;③暴雨造成地表地下水的侵透(公路水渠没有衬砌水泥)。

(4)造成的灾害评价:

①直接经济社会损失:1990 年 8 月 23 日暴雨,该处大面积滑坡,造成推毁、掩埋五个车

间、七人死亡的悲惨事故。

②伴生灾害影响:变电所损毁,供电中断;天(水)—张(川)公路运输中断;

③延续性影响:造成死者善后处理及家属抚慰费用;工厂停工停产、搬迁兴建近 10 年,的经济损失和社会影响;职工下岗、死者家属的心理压力和社会影响。

(5)滑坡治理:①削坡减少重力影响;②疏干水分,硬结土体;③工程稳定山体坡脚。

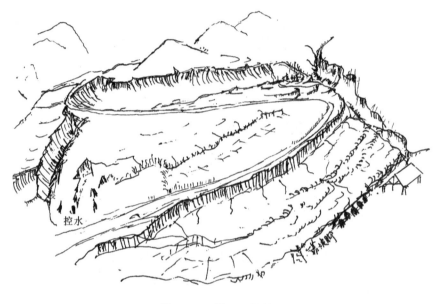

图 3-26 锻压厂滑坡

路线总结要求:

(1)整饰图件;

(2)文字总结全线的地质内容,并思考下列问题:①Nb/AnЄ角度不整合说明了什么?②从阶地及切穿第四系的断层这两种地质现象的存在,你认为本区第四系时处于何种构造运动?③本区阶地砾岩和 Nb 的底砾岩有何区别?这些区别说明了什么问题?

①有断层 F_1 和 F_6 上盘下落,说所夹持的中间岩快上升,组成地垒构造。又:由产状大致平行的 F_2、F_3、F_4、F_5 以及 F_6 等断层;②N_b 与下伏AnЄ呈角度不整合接触;③断层带羽状张节理发育。

观察路线七　吕二沟

一、位置

天水市石马坪西部吕二沟。

二、路线

柴家山南小沟—吕二沟。

三、内容

(1)洪积物层序及其识别;胶结物差异及其风化差异。

(2)柴家山滑坡滑舌前缘的观察。

(3)观察土林(假石林)、黄土柱、E 的岩性并测量其产状。

(4)水土流失和水库淤积破坏事例。

四、观察点

No.1

点位:吕二沟农家乐 200 m 处去东山路口。

点性:构造点、岩性点、地貌点。

内容:

(1)层理构造:平行岩层砾石排布显示明显的层理。层面产状 184°∠10°,275°∠6°。

(2)岩性:沉积砾岩、浅桔红色,自下而上,可分为三层:

①下层含粗砂砾岩,该岩层砾石成粉末原度差,分选性好,成熟度好;

②中层含细砂砾,砾石成分磨圆度较好,分选性较下层差,成熟读差,含硅质胶结物;

③上层含泥质粘土,磨圆度好,成熟度最差。

在风化过程中,最耐磨、最抗风化的是石英,最不耐磨的是云母,通常以这两种矿物的百分数互补比率来确定风化、沉积物的成熟度。

(3)地貌:冲刷地貌。

图 3-27

No.1—No.2 途中观测:

(1)河谷便道现代河流的搬运:此路线还可观测到流水搬运作用。水流冲击沙砾,或拱推、滚动,砂体明显向沟口运移,层理有上粗下细成层特点,Flod 值约为 0.5。

(2)柴家山滑坡体鼓丘特点:

①垂直状张节理教发育；

②水成黄土；

③层序倒转泥砾混杂；

④成因：滑坡体前滑后推。

No. 2

点位：柴家山南面约 350 m 处的吴家沟。

点性：地貌点、岩性点。

内容：

(1)地貌：土林地貌（冲刷地貌），主要由流水冲刷而成。

(2)岩性：沉积岩、浅桔红色粗砂砾石。

①上层为第四系黄土层（Q）（风成黄土和水成黄土）发育垂直节理。

②中层含粗砂砾石。

③下层 E 为下第三系，浅桔红色含砾粗砂岩，厚层状，胶结疏松，分选性、成熟性低。垂直裂隙较发育在干燥气候环境中，受季节性雨水淋蚀、冲刷而成土石林。

(3)土林与黄土柱的形成：

①我们所看到的土林，其组成物质为下第三系（E）浅桔红色含砾粗砂岩和砂岩层，呈厚层状，分选性很差，胶结疏松，垂直节理发育，这样在干燥的地质、地理环境中，受季节性的雨水淋蚀冲刷，接力所在部位不断得到拓宽、加深，加之特殊的物质组成，就形成了土林地貌。

单从旅游景观的角度来看，土林地貌是难得的地貌景观，但这样的地区水土流失是相当严重的，这样的地形又称做"劣地形"，对工农业的建设和发展及水土保持是及其不利的。

②黄土柱的形成由于黄土的垂直节理发育，在雨水淋蚀、冲刷作用及其自身的崩塌作用下形成的。

要求：(1)根据下第三系的岩性特征，分析判断其成因、物质搬运的距离，并说明为什么呈现韵律性，进而推断该地沉积时所处的地理位置。

(2)每人作土林素描图一幅。

图 3-28　天水市吕二沟假石林（土林）图

观察路线八　董水沟—甘泉峡门

一、位置

北道东南甘泉镇。

二、路线

董水—甘泉、分水岭采石场—甘泉峡门。

三、观察点

No.1

点位:董水—甘泉、分水岭采石场。

内容:认识采石场石灰岩岩性,识别层理构造。

要求:

(1)详细观察石灰岩的颜色、成分、结构、构造等特征。

(2)详细观测石灰岩的产状等。

(3)每人作一幅岩层素描图。

图3-29　分水岭采石场

No.2

点位:董水—甘泉8 km处。

点性:岩性点、构造点。

内容:

(1)岩性:云母片岩。

(2)逆断层构造标志:

①断层破碎带风化冲蚀为沟;

②邻断层出现劈理密集化带;

③拖拽褶皱。

要求:(1)详细观察变质片岩的颜色、成分、结构、构造等特征。

(2)详细观测片岩、断层面、劈理面等的产状。

(3)每人作一幅岩层素描图。

图 3-30 董甘公路边 8 km 处断层示意图

No.3

点位:甘泉峡门村桦林沟桥对面沿先锋渠露头。

内容:第三系红色地层剖面。

第三系红色地碎屑岩层组成(砾、岩砂岩、泥岩)、产状、连续沉积剖面,直至峡门与下伏变质片岩地层组成的角度不整合接触关系。

要求:

(1)详细观察沙砾岩的颜色、成分、结构、构造等特征。

(2)详细观察砂砾岩层的连续产状,直至峡门与下伏变质片岩地层组成的角度不整合接触关系。

(3)详细观察角度不整合接触的标志、上下两套地层的产状,不整合面的产状等。

(4)每人作一幅素描图。

图 3-31 甘泉峡门屈家坪第三系剖面

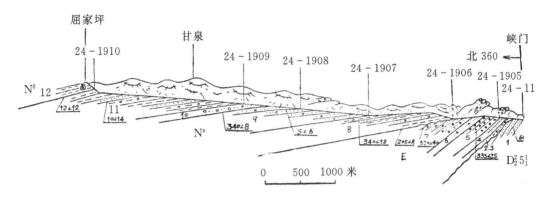

N_b	12.灰白色灰绿色粉砂质泥岩夹红色泥岩,含丰富的螺类化石	>52.5 米
N_a	11.红色含砾砂质泥岩夹砂岩,向上颗粒变细	484.8 米
	10.红色砂砾岩、夹砂岩,砂岩泥岩	85.4 米
	9.红色砾状砂岩夹砂质泥岩及砂砾岩	177.5 米
	8.红色泥岩夹砂岩,砂砾岩,钙质层及钙质结核	282.1 米
	7.红色砾岩夹砂砾岩	174.3 米
	6.红色含砾粉—细砂岩和含砾砂质泥岩夹砂砾岩	139.4 米
	5.灰红色厚—巨系层砾岩、砂砾岩、砂岩和泥岩,形成间歇正韵律	175.1 米
	4.红色泥质细砂岩夹含砾粗砂岩或砂砾岩	86.8 米
	3.红色含砾粉砂质泥岩夹砂砾岩透镜体,可见连续正韵律	29.5 米
	2.红色含砾粉砂质泥岩夹钙质层及钙质结核	17.9 米
$D_2^2 s$	1.灰色变质砂岩	>52 米

图 3-32 甘泉峡门屈家坪第三系实测剖面图

观察路线九 卦台山

一、位置

北道西北卦台山。

二、路线

渭河峡谷—卦台山对面五龙桥北叉沟—分心石、龙王庙渠首。

三、内容

(1)认识北沟岩石、构造。

(2)观察分心石、龙王庙古人利用断层巧凿灌溉渠首。

(3)登卦台山感受伏羲文化。

四、观察点

No.1

点位:卦台山对面五龙桥北(提灌闸门东)叉沟。

点性：岩性点、构造点。

内容：

1. 基底岩性

(1)薄层石灰岩和绿色片岩；沟口薄层石灰岩，灰黑色单层厚 0.5～1 cm；上沟坎采石断面，单层厚可达 20～50 cm；进入沟谷 50 m，第四道坎后往沟脑全部是变质的绿泥石片岩；

(2)盖层：第三系红色沙砾岩层；砾石为花岗岩、变质片岩，泥质胶结，分布于陡壁；

(3)第四系黄土和渭河阶地砾石：黄土，广泛分布于渭北黄土高原疏松无层理的为风成黄土；与渭河砾石共生的具有层理的则为再生水成黄土。

2. 构造

(1)角度不整合：沟西陡壁，第三系红色沙砾岩层和第四系黄土和渭河阶地砾石盖层，产状近水平，与基底石灰岩和绿色片岩二者构成角度不整合接触；

(2)下伏基岩断层构造：逆断层面直接标志—镜面、擦痕、阶步、拖褶皱：

①擦痕镜面，开口参差不齐，断层面产状为 230°∠46°；

②层面中间有挤压挤压碎裂的糜棱岩岩存在，断层面舒缓波状显示逆断层；

③上面覆盖的第四系黄土和渭河阶地砾石被错断，而且黄土中残留裂隙，说明断层先后多次活动，第四纪发生过新构造运动；

④褶皱—薄层石灰岩和绿色片岩，在断裂构造附近挤压成层间拖褶皱。

要求：

(1)详细观察石灰岩的颜色、成分、结构、构造等特征。

(2)观测活动性压性逆断层（图）。

(3)绘制活动断层、层间褶皱、接触关系素描图。

图 3-33 卦台山对面叉沟断层

No.2

点位：卦台山东北分心石、龙王庙渠首。

点性：构造点。

内容：

（1）逆断层：下伏基岩逆断层面直接标志：

①擦痕镜面，开口参差不齐，断层面产状为 230∠46°；

②层面中间有挤压挤压碎裂的糜棱岩岩存在，断层面舒缓波状显示逆断层。

（2）观察分心石、龙王庙渠首：古人利用断层巧凿灌溉渠首。

①逆断层面中间有挤压碎裂的糜棱岩破碎带疏松易开掘；

②断层构造下盘基岩完整，作为护堤；

③渭河环绕卦台山由西北转向东南，此处为曲流凸岸，断层走向与主河道流向一致，开渠可以顺流势引水；

④利用分心石分流渭河水；

⑤分心石、龙王庙渠首两侧利用下伏基岩高度巧设溢洪道。

要求：

（1）观测石灰岩的产状断层产状等。地层的角度不整合关系。

（2）详细观测分心石、龙王庙渠首，领会古人利用断层巧凿灌溉渠首技术。

（3）每人作一幅渠首简要水利工程示意图。

图 3-34　卦台山对面渭河边水利灌区渠首

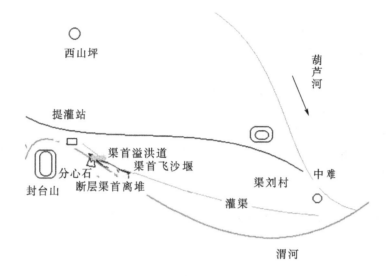

图 3-35 卦台山对面渭河边水利灌区平面示意图

图 3-36 卦台山对面渭河边水利灌区远眺

No.3

点位:北道西北卦台山。

内容:

(1)宏观观测黄土地貌和渭河阶地:黄土塬、墚,广泛分布的渭北黄土高原,渭河岸边及其支流沟谷被切割的墚、峁地貌。自河床逐级划分渭河阶地。

(2)居高临下,观察分心石、龙王庙渠首:渭河环绕卦台山由西北转向东南,此处为曲流凸岸,古人利用断层走向与主河道流向一致,利用分心石分流渭河水,开渠顺流势引水。

(3)居高临下,观察渭河环绕卦台山为曲流凸岸,由西北转向东南,此处河曲侧蚀与卦台山地形的成因。

(4)登卦台山感受伏羲文化。

据传,卦台山为伏羲氏演绎八卦之地。伏羲作为人类始祖,对人类文明作出了如下贡献:

①观察自然界天地万物相生与相克的变化规律,并将其高度抽象和概括,创立八卦,为后世阴阳太极和八卦易经说的立基之祖;②倡导男聘女嫁的婚配制度;③教民众结网捕鱼、制造工具、驯化野兽为家畜;④结绳记事;⑤创立音乐、定制度、开礼仪。其文化贡献被嘉誉为"开天明道",其人也被尊为"人文始祖"。

(5)区分地质年代(百万年)与考古年代(数千年)的差异。

图 3-37　卦台山

要求:每人作一幅渭河环绕卦台山处河曲侧蚀与卦台山地形的成因简要示意图。

观察路线十　阳　坡

一、位置

学院对面阳坡。

二、路线

阳坡西南藉河—阳坡西北半山腰。

三、内容

(1)黄土塬、墚滑坡、黄土柱,水眼寨黄土与 N_b 接触带的山泉。
(2)洪积扇、河流侧蚀作用。
(3)Nb 中的泥灰岩、泥岩、鲕状灰岩的特征。

四、观察点

No.1
点位:藉河边。
内容:观察河流侧蚀作用、阳坡滑坡。
要求:明确河流的侧蚀作用与阳坡滑坡产生的原因。
思考题:阳坡滑坡产生的原因。

总结:在实地如何观察河流的地质作用及其与人们生存环境的关系。

No.2

点位:阳坡村沿途某制高点。

内容:

(1)对面学校附近罗家沟洪积扇形态,洪积扇相带与地基、地下水源及其工厂、村镇、道路、汲水工程布局的关系。

(2)洪积扇前缘展布形态与籍河河流弯曲形态及其侧蚀方向的关系。

(3)籍河河流的侧蚀作用与北山黄土地貌滑坡的关系。

(4)观察阳坡村后坎已经拆迁院落内的地层及其透水性、坡度,河流侧蚀坡脚与滑坡的条件。

(5)因为滑坡产生,对建筑物破坏的程度,村落迁移的原因

要求:

(1)远看洪积扇、籍河河流侧蚀坡脚,地形坡度,与滑坡的形成条件。

(2)沿途穿行,近看地层及其透水性。滑坡发生与河流侧蚀作用的诱发关系。

(3)每人绘制:

①洪积扇平面素描图,明确标注洪积扇相带与地基、地下水源及其工厂、村镇、道路、汲水工程布局的关系。

②罗家沟—北山断面图:明确标注出各处地层及其透水性、坡度,河流侧蚀坡脚与滑坡的条件;洪积扇发展与籍河河流河流侧蚀作用及其阳坡滑坡产生的原因。

思考题:(1)洪积扇相带与地基、地下水源及其工厂、村镇、道路、汲水工程布局的关系是什么? 总结洪积扇的特征。

(2)地层及其透水性、坡度,河流侧蚀坡脚与滑坡的关系是什么? 总结滑坡的条件、成因和标志。

No.3

点位:阳坡村西北约 100 m 的小路边。

内容:Nb 中灰白色泥灰岩、灰质鲕粒泥灰岩。

要求:观察鲕粒泥灰岩的特征并打一块标本。

思考题:鲕粒泥灰岩的成因有哪些?

总结:泥灰岩的生成环境。

No.4

点位:水眼寨北泉眼出水处。

内容:泉、滑坡体。

(1)泉

①观察泉所处的地形位置、地貌特征;

②观察泉所处的地层、构造及其水文特征;

③泉水的物理性质观察:清澈度、气味、沉淀物、口感等;

④泉水的出露形态,动力条件;

⑤流量观测和泉水取样;

⑥经济使用价值:访问群众,了解该泉水供给饮用的人数、牲畜数目及其浇灌的农田面积。

(2)滑坡体:

①观察滑坡体附近的地层及其透水性、坡度,坡脚与滑坡的条件;

②近看沟西侧残留滑舌的泥石成分和搅拌混杂程度;

③沿山神庙小路上行至窄墚平路,观察周边条件,认识该滑坡的范围、规模,地形、地貌、地层、岩性、水文条件;

④观察该滑坡的遗迹,主要观测后缘引张裂隙残留的断断续续阶梯状陡坎,分析地层及其透水性、坡度,滑坡裂隙与泉水补给来源、分布出露的条件关系。

要求:观察泉水特征及性质并能与别处的泉作比较。认识该滑坡的范围、规模,地形、地貌、地层、岩性、水文条件。

思考题:

(1)根据哪些特征判断泉的类型?下降泉的特点及产出部位有哪些?

(2)地层及其透水性、坡度,滑坡裂隙与泉水补给来源、分布出露的条件关系是什么?

No.5

点位:水眼寨北黄土塬。

内容:

(1)黄土塬、墚、黄土柱:观察泉所处的地形位置,观察渭河中墚黄土塬面、远看黄土梁、黄土柱、认识黄土地貌特征和黄土地貌的成因。

(2)居高临下观察水眼寨北滑坡、滑坡体、泉眼出水处泉所处的地形位置、地貌特征。

(3)沿断面观察地层及其透水性、坡度,滑坡裂隙与泉水补给来源、分布出露的条件关系。

(4)居高临下观察洪积扇、河流侧蚀作用,认识阳坡滑坡产生的原因。

总结:

(1)滑坡的范围、规模,地形、地貌、地层、岩性、水文条件。

(2)地层及其透水性、坡度,河流侧蚀坡脚与滑坡的条件及其诱发因素。

(3)地层及其透水性、坡度,滑坡裂隙与泉水补给来源、分布出露的条件关系。

(4)①洪积扇相带与地基、地下水源及其工厂、村镇、道路、汲水工程布局的关系;

②北山地层及其透水性、泉水露头,与各村寨汲水工程布局的关系。

(5)设想城乡规划、工程建设选址如何避让和防治滑坡。

讨论:

(1)根据哪些特征判断泉的类型。下降泉的特点及产出部位。

(2)泉所处的地层及其透水性、坡度。

(3)泉所处的滑坡裂隙与泉水补给来源、分布、出露的条件关系。

观察路线十一　李子园—柴家庄金矿

一、位置

李子园—柴家庄金矿。

二、内容

西秦岭区带处于十分独特的构造环境,具有良好的成矿地质条件,找矿潜力巨大。从该区的李子园、礼岷、西成等主要金矿化集中区的找矿来看,各矿化集中区内不同程度的发现了一些金矿床。

太阳山—李子园—党川多金属矿化集中区:

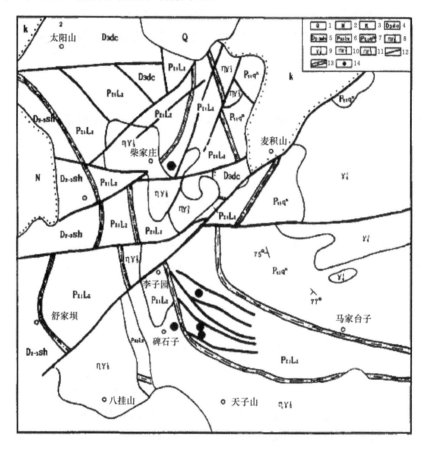

1—第四系;2—第三系;3—白全系;4—上泥盆统大草滩群;5—中泥盆统李坝群;6—下古生界李子园群;7—中下元古界秦岭群;8—印支期二长花岗岩;9—海西期二长花岗岩;10—加里东晚期二长花岗岩;11—加里东早期二长花岗岩;12—断层;13—糜棱岩带;14—金矿点

图 3-38 李子园地区地质简图

西秦岭东部金矿化主要分布于李子园群绿片岩、李坝群碎屑岩及西汉水组千枚岩中。矿化体主要形成于印支期—燕山期侵入岩体的内外接触带及断裂构造带中;石英脉型金矿主要形成于岩体接触带附近;破碎带型、蚀变岩型金矿形成于岩体外 1～5km 范围内。不论岩浆成因还是构造成因,金矿体均受断裂破碎带、断层带或片理化带等构造带控制,产于大断裂带旁侧。在该区今后找金应以"李坝式"和"大沟里式"为主。该区处于西秦岭地体的北东部加里东褶皱带内,北与祁连褶皱系及北秦岭(华北地台南缘)相连,西南以娘娘坝—舒家坝断裂与海西印支褶皱带北亚带相邻,在西南部总体构造呈反"S"型,构造极为复杂(见图3-38)。

区内出露地层主要有下中元古界秦岭群、下古生界李子园群、花石山群、草滩沟群及上泥盆统大草滩群。其中,李子园群主要分布于秦岭群西、南部的分水岭—李子园—夏家坪一带,为一套深变质的沉积岩及基性、中酸性火山碎屑岩,已发现的主要Pb、Zn、Au矿床赋存于该地层中。本区深大断裂及次级断裂均很发育,区域深大断裂分别构成不同大地构造单元或不同地层单元的分界线,区内褶皱主要是以秦岭群为核部的党川一望天复式背斜,其南翼为李子园群,北翼为花石山群等,两翼次级褶皱也较发育,在平面形态上也呈反"S"形格局,从控制的地层分析,反"S"形构造形成于中生代以前,对区内岩浆活动和金属矿化具有重要控制意义。岩浆活动强烈,具多期次活动特征,从加里东期至燕山期均有浸入活动。主要岩体有:西部的温泉二长花岗岩体、高家山花岗岩体;北东部的秦岭大堡正长花岗岩体及党川二长花岗岩体;S型构造转折部位的印支期八卦山、碎石子、柴家庄的二长花岗岩体。另外在党川岩体和柴家庄岩体和周边部有加里东期残留岩体。

区内多金属矿产丰富,主要有金、银、铜、铅、锌、钼等,已发现矿床8处,多金属矿化(点)近40处。金矿成因类型主要有破碎蚀变岩型和石英脉型,其中破碎蚀变岩型矿体主要赋存于构造破碎带内的碎裂岩、糜棱岩中,如碎石子金银矿和沈家沟金矿。石英脉型矿体一般产于花岗岩体外接触带,受脆—韧性断裂和片理化带控制,有石英单脉型和复脉型,如尖草湾金矿,柴家庄金矿和花石山金矿。(据甘肃省地矿局韩要权。)

三、观察点

No.1

点位:李子园尖草湾金矿。

内容:

(1)矿床特征:

①金矿化主要分布于李子园群绿片岩;

②金矿体均受断裂破碎带、断层带或片理化带等构造带控制,产于大断裂带旁侧;

③矿化体主要形成于印支期—燕山期侵入岩体的内外接触带及断裂构造带中;

④石英脉型金矿主要形成于岩体接触带附近。

(2)采矿方法:

①硐探掘进;

②探采结合;

③沿脉布置采硐。

要求:

(1)对照实际阅读理解矿床形成的区域地质条件和矿床特征。

(2)认识李子园群绿片岩;矿石和围岩(脉石)岩性。

(3)石英脉型金矿的主要形成于岩岩浆岩体接触带条件。

(4)金矿体均受断裂破碎带、断层带或片理化带等构造带控制条件。

(5)理解采矿方法。

思考题:

(1)尖草湾金矿的地质条件?

（2）为什么采矿方法要沿脉掘进、边探边采？

（3）采矿对于生态环境有何影响？如何防治？

No.2

点位：李子园镇。

内容：

参观李子园镇：原"海林厂"选矿和镇内"农机站"金矿选场。

要求：

（1）注意安全：远离大型机械；不要接触选矿药剂。

（2）观察粉碎、球磨、浸泡、选矿，提炼工艺流程。

（3）注意观察选矿废水、废液的排放途径是否合理。

思考：

（1）矿石为何选矿前要进行粉碎工艺处理？

（2）金矿选矿废水、废液，对于生态环境有何影响？如何防治？

No.3

点位：分水岭、柴家庄金矿床。

内容：参观分水岭、柴家庄金矿床：

（1）对照实际阅读理解矿床形成的区域地质条件和矿床特征。

（2）认识柴家庄的二长花岗岩体和周边部有加里东期残留岩体，认识矿石和围岩（脉石）岩性。

（3）石英脉型金矿的主要形成于岩浆岩岩体接触带条件。

（4）金矿体均受断裂破碎带、断层带或片理化带等构造带控制条件。

思考题：

（1）对比柴金矿、与尖草弯的地质条件？

（2）理解采矿方法的异同？

（3）采矿对于生态环境有何影响范围？

（4）所采矿石的去向？

附录 A 三大岩类野外鉴定

岩石是一种或多种矿物的集合体,是内、外地质作用下的阶段性产物,是地质构造和地形地貌的物质基础。为了探讨地壳的发展历史,岩石也是最重要的客观依据。地壳中几乎全部的矿产资源产于岩石中,并且大多数岩石本身就是重要矿产。

野外实习的首要任务,就是要对实习地区出露的岩石,做认真的观察。

(一)岩浆岩的观察与描述

对岩浆岩的观察,一般是观察其颜色、结构、构造、矿物成分及其含量,最后确定其岩石名称。肉眼鉴定岩浆岩,首先看到的就是颜色。颜色基本可以反映出岩石的成分和性质。对岩浆岩进行肉眼鉴定:

第一步是要依据其颜色大致定出属于何种岩类。比如,若是浅色,一般为酸性岩(花岗岩类)或中性岩(正长岩类);若是深色,一般为基性岩或超基性岩。由酸性岩到基性岩,深色矿物的含量逐渐增多,岩石的颜色也就由浅到深。同时还要注意区别岩石新鲜面的颜色和风化后的颜色。还可根据其中暗色矿物与浅色矿物的相对含量来进行描述,如暗色矿物含量超过60%者为暗色岩,在30～60%者为中色岩,在30%以下者为浅色岩。

第二步是观察岩浆岩的结构与构造。据此,便可区分出是属深成岩类、浅成岩类或是喷出岩类。根据岩石中各组分的结晶程度,可分为全晶质、半晶质和玻璃质等结构。不仅要对全晶质的结构区分出显晶质或隐晶质结构,还要对其中的显晶质结构岩石按其矿物颗粒大小,进一步细分出等粒、不等粒、粗粒或细粒等结构。对具有斑状结构的岩石要描述斑晶成分、基质的成分及结晶程度。假如岩石中矿物颗粒大,呈等粒状、似斑状结构,则属深成岩类;假如矿物颗粒微细致密,呈隐晶质、玻璃质结构,则一般皆属喷出岩类;假如岩石中矿物为细粒及斑状结构,即介于上述两者之间,属于浅成岩类。观察岩石中矿物有无定向排列,进而就能推断岩石的形成环境,含挥发组分多少以及岩浆流动的方向。若无定向排列称之为块状构造;若有定向排列,则可能是流纹构造、气孔构造或条带状构造。深成岩、浅成岩大多是块状构造;喷出岩则为流纹构造和气孔构造等。对于岩石中有规律排列的长柱状矿物、气孔捕虏体等均要观测其方向。对于那些在接触面上有规则排列的片状矿物,要描述其组成成分,并测其产状要素。

第三步是观察岩浆岩的矿物成分。矿物成分是岩石定名最重要的依据。岩浆岩类别是根据 SiO_2 含量百分比确定的,而 SiO_2 含量可在岩石矿物成分上反映出来。假如有大量石英出现,说明是酸性岩;如果有大量橄榄石存在,则表明是超基性岩;如果只有微量或根本没有石英和橄榄石,则属中性岩或基性岩。假如岩石中以正长石为主,同时所含石英又很多,就可判定是酸性岩;倘若以斜长石为主,暗色矿物又多为角闪石,属于中性岩;若暗色矿物多系辉石,则属基性岩。对于岩石中凡能用肉眼识别的矿物均要进行描述。首要的是描述主要矿物形态、大小及其性质。其次,要对次要矿物作简略描述。

第四步是为岩浆岩定名。在肉眼观察和描述的基础上确定岩石名称。请注意在岩石名称前面冠以颜色和结构,比如,可将某岩石定名为浅灰色粗粒花岗岩。

另外,在野外还要注意查明岩浆岩体的产状,即岩体的空间分布位置、规模大小以及与围岩的接触关系等,结合岩石的结构与构造,以推论岩石的形成环境。也要注意不同侵入体或同一侵入体之间的岩性变化、时间顺序及相互关系。

岩浆岩中蕴藏着许多重要的金属和非金属矿产。与超基性的橄榄岩和基性的辉长岩有关的矿产,常有铬、镍、铜、钒、钛、金刚石及铂族的元素。与中性闪长岩有关的矿产,常有铜、铁、稀土元素等。与碱性或半碱性正长岩和正长斑岩有关矿产常有稀土元素、磷灰石磁铁矿等。与酸性的花岗岩和中性的花岗闪长岩有关的矿产,有钨、锡、钼、铋、铜、铅、锌、金、铀、镭、稀土元素等。有的岩浆岩本身就是矿产,如作铸石原料的玄武岩、辉绿岩,作装饰石料和建筑材料的大理石、花岗岩、花岗闪长岩、蛇纹岩等。

(二)沉积岩的观察与描述

沉积岩是分布于地表的主要岩类。它种类繁多,岩性变化较大。野外识别沉积岩,其最显著的宏观标志就是成层构造,即层理。据此,很容易与岩浆岩、变质岩相区别。根据沉积岩成因、结构和矿物成分,可进一步区分出次一级的类别。凡具碎屑结构,即碎屑粒径大于 $2\sim0.005$ mm,被胶结物胶结而成的岩石,是碎屑岩;凡具泥质结构,即粒径小于 0.005 mm,质地均匀、较软,有细腻感,常具页理的岩石是粘土岩;凡具化学和生物化学结构,多为单一矿物组成的岩石,是化学岩和生物化学岩。由于各类沉积岩的岩性差别,因此在鉴定方法上也不相同。

1. 碎屑岩的肉眼鉴定

鉴定碎屑岩时着重观察其岩石结构与主要矿物成分。首要的是看碎屑结构。抓住这一特征,就不会与其他岩石相混淆了。要仔细观察碎屑颗粒大小:粒径大于 2 mm 是砾岩,$2\sim0.05$ mm 是砂岩,$0.05\sim0.005$ mm 是粉砂岩。粉砂岩颗粒肉眼难以分辩,用手指研磨有轻微砂感。按砂岩的粒径又可定出粗砂岩($2\sim0.5$ mm)中砂岩($0.5\sim0.25$ mm)和细砂岩($0.25\sim0.05$ mm)。对于砾岩,还应注意观察其颗粒形状,颗粒外形呈棱角状者是角砾岩,系圆状或次圆状者为砾岩。其次,看碎屑岩的矿物成分(碎屑颗粒成分和胶结物成分)。砾岩类的碎屑成分复杂,分选较差,颗粒较大,一般不参与定名;砂岩,主要矿物成分有石英、长石和一些岩石碎屑。在碎屑岩中,常见的胶结物有铁质(氧化铁和氢氧化铁)、硅质(二氧化硅)、泥质(粘土质)、钙质(碳酸钙)等。铁质胶结物多呈红色、褐红色或黄色。硅质最硬,小刀刻不动。钙质滴稀 HCI 起泡。弄清楚了结构和成分,就可为碎屑岩定名。例如,碎屑矿物成分以石英为主,其含量超过 50 %,长石和岩屑含量均小于 25 %的砂岩,叫做石英砂岩。也可按其胶结物命名,如可称某岩石为铁质石英砂岩。碎屑岩中可见化石,但一般保存较差。

火山碎屑岩的鉴别比较困难。因为,它在成因上具有火山喷发和沉积的双重性,是一种介于岩浆与沉积岩之间的过渡型岩石。常常是以其成因特点、物质成分、结构、构造和胶结物的特征来区别于碎屑岩。

2. 粘土岩的肉眼鉴定

鉴定粘土岩的主要依据是其泥质结构。粘土岩矿物颗粒非常细小,肉眼仅能按其颜色、硬度等物理性质及结构、构造来鉴定。它多具滑腻感,粘重,有可塑性、烧结性等物理性质。若是纯净的粘土岩,一般为浅色的土状岩石。层理是粘土岩中最明显的特征,因此,人们就按粘土岩层理(倘层理厚度小于 1 mm 称页理)及其固结程度进行分类,将固结程度很高、页理发育,可剥成薄片者称作页岩。页岩常含化石。粘土岩中以页岩为主。将那些固结程度较高、不具页理,遇水不易变软者称泥岩。最后,再根据颜色与混入物的不同进行命名,如可称作紫红色铁质泥岩、灰色钙质页岩等。

3.化学岩和生物化学岩的肉眼鉴定

此类岩石中分布最广和最常见的有碳酸盐岩、硅质岩、铁质岩和磷质岩,尤以碳酸盐类岩石分布为广。有无生物遗骸是判断属于生物化学岩或是化学岩的标志。化学岩成分常较单一。多为单矿物岩石,故此,可按其矿物的物理性质进行鉴定。

化学岩具有化学结构,即结晶粒状结构和鲕状结构等;生物化学岩具生物结构,即全贝壳结构、生物碎屑结构等。

综合上述,在观察和描述沉积岩时应注意:要描述岩石整体的颜色,区分岩石是碎屑结构、泥质结构或结晶结构和生物结构等;据其矿物成分、颗粒大小及颜色上的差异,观察岩石的层理,注意层面上波痕、泥裂等构造特征;要描述组成岩石的主要矿物、碎屑物及胶结物等成分;对砾石的形状、大小、磨圆度和分选性等特征要描述,并要确定胶结类型,以及胶结程度;对沉积岩命名时应遵循"颜色+胶结物+岩石名称"的法则。此外,还需注意沉积岩体形状、岩层厚度及产状、风化程度、化石保存情况及其类属。

沉积岩中的矿产占世界全部矿产总产量的 $70\% \sim 80\%$,铝土矿、磷矿、大多数锰矿、铁矿都赋于沉积岩中或成矿与沉积岩有关。号称工业粮食的煤、工业血液的石油形成和贮存在沉积岩中。钾、钠、钙、镁的卤化物及碳酸岩等都是在特定的环境中真溶液的沉积矿产。金、钨、锡、金刚石也多以砂矿的形式赋存在砂岩、砾岩之中。有的沉积岩本身就是矿产。如做水泥材料和粘土材料的粘土岩,作玻璃原料和陶瓷原料的石英砂岩,作水泥原料和冶金辅助原料的石灰岩、白云岩等。

(三)变质岩的观察与描述

我国区域变质岩系十分发育,时代自太古宙到期中生代均有出露。其变质岩石类型十分复杂,主要有片麻岩、粒状岩石(变粒岩、浅粒岩)、片岩、千枚岩、变质硅铁质岩、大理岩、变质铁镁质岩及区域混合岩等。

在野外鉴别变质岩的方法、步骤与前述岩浆岩类似,但主要根据是其构造、结构和矿物成分。这是因为,变质岩的构造和结构是其命名和分类的重要依据。

第一步可先根据构造和结构特征,初步鉴定变质岩的类别。譬如,具有板状构造者称板岩;具有千枚构造者称千枚岩等。具有变晶结构是变质岩的重要结构特征。例如,变质岩中的石英岩与沉积岩中的石英砂岩尽管成分相同,但前者具粒状变晶结构,而后者却是碎屑结构。

第二步再根据矿物成分含量和变质岩中的特有矿物进一步详细定名。一般来讲,要注意岩石中暗色矿物与浅色矿物的比例,以及浅色矿物中长石和石英的比例,因这些比例关系与岩石的鉴定有着极大关系。例如,某岩石以浅色矿物为主,而浅色矿物中又以石英居多且不含或含有较少长石,就是片岩;若某岩石成分以暗色矿物为主,且含长石较多,则属片麻岩。变质岩中的特有矿物,如蓝晶石、石榴子石、蛇纹石、石墨等,虽然数量不多,但能反映出变质前原岩以及变质作用的条件,故也是野外鉴别变质岩的有力证据。关于板岩和千枚岩,因其矿物成分较难识辩,板岩可按"颜色+所含杂质"方式命名,如可称黑色板岩、炭质板岩;千枚岩可据其"颜色+ 特征矿物"命名,如可称银灰色千枚岩、硬绿泥石千枚岩等。

在野外,还要观察地质体产状、变质作用的成因。比如,石英岩与大理岩两者在区域变质与接触变质岩中均有,就只能根据野外产状和共生的岩石类型来确定。假如此类岩石围绕侵入体分布,并和板岩共生,则为接触变质形成;假如此类岩石呈区域带状分布,并和具片状或片麻状构造的岩石共生,则为区域变质所形成。

对变质岩我们也应描述岩石总体颜色,注意其岩石结构。若为变晶结构,则要对矿物形态进行描述。注意观察岩石中矿物成分是否定向排列,以便描述其构造。用肉眼和放大镜观察可见的矿物成分应进行描述。若无变斑晶,就按矿物含量多少依次描述;若有变斑晶,则应先描述变斑晶成分,后描述基质成分。至于其它方面,如小型褶皱、细脉穿插、风化情况等,亦应作简略描述。在为变质岩定名时,应本着"特征矿物＋片状(或柱状)矿物＋基本岩石名称"的原则。如,可将某岩石定名为蓝晶石黑云母片岩。

与变质岩相关的矿产也相当丰富。与接触变质作用相关的矿产有铜、铁、铅、锌、锡、钨、钼、铍、石棉等;与区域变质岩相关的矿产有铁、石墨、滑石、菱镁矿、刚玉、磷矿等。纯大理岩和蛇纹石花大理岩本身就是很珍贵的建筑石料,板岩也是良好的建筑材料。

附录 B 野外观察点的文字记录格式

野外观察的内容必须记录在野外记录本上。野外记录本的右页横格纸做文字描述用,左页方格纸做信手剖面和地质素描图用。文字记录的项目和内容为:

(1)实习日期。

(2)观察路线的编号及路线的起讫点、经过地点。

(3)观察点的编号和点位。

(4)观察点的岩性(岩石、地质构造、地貌等)。

(5)观察的内容:

①出露的岩石类型及其岩性特征;

②地质构造的表现形式及其特点;

③地层接触关系;

④地层所含生物化石、相对数量及保存程度;

⑤代表性的地层产状;

⑥标本及编号;

⑦绘制有关示意图、素描图及路线剖面图。

(6)记录格式。

点号:……

点位:……

点性:……

描述:……

附录 C　地质罗盘的使用和地质构造分析

一、地质罗盘的使用

认识地质罗盘,学会用它测定岩层产状要素,并掌握记录产状要素方法。

(一)地质罗盘的构造

地质罗盘的主要构成有:磁针、顶针、制动器、方位刻度盘、水准气泡、倾斜仪(桃形针)、底盘等。地质罗盘有多种形式其内容大同小异。它有以下特点:

(1)罗盘安放在长方形底座上,刻度盘上的 $0°\sim180°$(即南北线)平行于底座的长边。

(2)方位刻度 $0°\sim360°$,按逆时针方向刻制,东、西的位置和实际位置相反。

(3)方位刻度盘的内圈,有倾角刻度盘,刻度盘上与东、西线一致的 $0°$,与南、北线一致的 $90°$。

(4)罗盘上常有简易水平仪,可用以粗略测任一目标的仰角或俯角。

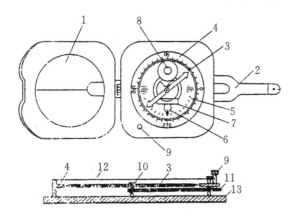

1—反光镜;2—瞄准觇板;3—磁针;4—水平刻度盘;5—垂直刻度盘;6—垂直刻度指示器;7—垂直水准器;8—底盘水准器;9—磁针固定螺旋;10—顶针;11—杠杆;12—玻璃盖;13—罗盘仪圆盆

图 C-1　地质罗盘结构图

(二)地质罗盘的使用方法

1. 测量方向

用罗盘测量任一目标的方向时,永远以 $0°$(即 N 方向)对准目标,使水平泡居中,然后读指北针所指的方位刻度盘上的数字,即为所测目标的方位角。记录时除记方位角值外,一般还冠以所处象限名称,如 SW230°、NE60° 等。

图 C - 2　岩层的产状要素(α 代表倾角)

2. 在地形图上定点

如果地面有明显标志,很容易在地图上找到所在位置,如果地面附近无明显的标志,可以利用罗盘测定不在同一方位上的两个目标(如房、塔、山顶三角架等,这些目标物一般是画在地图上的)的方位角。然后在地形图上通过所测的两个目标,作出两条方位线,其交点即为所求点的位置。这种方法叫后方交汇法,如果作三条这样方位线还可以校正该点的位置。

3. 在野外利用地质罗盘,直接测量岩层产状要素的方法

(1)测量要素:

岩层的走向和倾向相差 $90°$,所以,在实际工作中,野外测量岩层的产状时,只需测量岩层的倾向和倾角就可以了。

(2)野外测定产状诀窍:"远看"、"近量"、"滚蛋"、"翻身"。

①"远看":找层面。一定要先从大处着眼,看好"目的层"——层面、流面、断裂面、面理等,它们大体总的倾向,选择具体的"目的层"(但要注意基岩的稳定性所体现的产状可靠性)。

②"近量":观测具体"目的层"。注意选面(层面与节理面区别的真实性,局部层面平整度所体现的代表性),才能在局部位置上测量具体数据,保证可靠性。

③"滚蛋":注意测量真倾角。在"目的层"面上滚"小圆石蛋",选择轨迹代表"倾斜线方向",将罗盘的短边(即 S 端)紧靠岩层层面,罗盘的长边与"滚蛋"轨迹指示的"倾斜线方向"一致,使圆形水泡居中,读北针所指方位角刻度外盘的度数,即为岩层的倾向。

④"翻身":读完倾角后,罗盘靠紧"倾斜线方向""翻身",使其平行于岩层的倾斜线,然后拨动底座背后的半圆形铁片,使柱状水泡居中。此时桃形针在罗盘内盘的刻角度盘上所指的度数,即为所求的真倾角。

注意:①一些情况下,若岩层平缓或层面露头不良,用罗盘不易测出产状时,或利用钻孔资料"三点法"求得,或从地形地质图上几何作图求得。

②对于岩石节理、片理、断层等产状要素可用以上方法同样测量即可。

(3)岩层产状要素的表示:

①在野外记录和文字报告中常用"倾向∠倾角"的方位角记录格式。如135°∠72°,即表示岩层的倾向为135°,倾角为72°;或用S65°E∠46°的象限角记录格式,即表示岩层的倾向为南偏东65°,倾角为46°。象限角S65°E∠46°相当于方位角115°∠46°。

②在平面图件上岩层产状用符号表示:如"┝25°"(长线代表走向,短线代表倾向,数字代表角度)。剖面图上采用层线延长注记的方法。

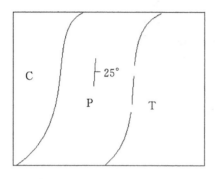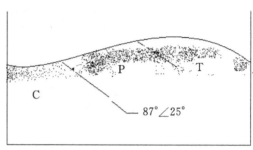

图 C-3

二、地质构造分析

地壳上的各种岩石在形成过程中及形成以后,还要不断的经受内、外力地质作用,发生微观和宏观上的种种变化。把这种岩石因受力而发生变形变位留下的形迹叫做地质构造。

由于岩石性质、受力大小、受力方向、受力持续时间的差异,地质构造表现出水平、倾斜、褶皱及断裂等不同的形式。

(一)水平构造的特征

水平构造是层面基本上水平的构造。习惯上把小于5°的岩层称为水平岩层。它的主要特征是:

(1)同一岩层层面上的各点海拔高度一样。

(2)老岩层在下,新岩层在上(指层序正常时)。

(3)岩层的厚度即顶面和底面的标高差。

(4)地质界线在地质图上与地形等高线平行或重合。

(二)倾斜岩层的产状及测定

(1)岩层层面与水平面有一定交角的成层岩层构造叫倾斜构造。倾斜岩层构造往往褶曲的一翼,或断层的一盘。

(2)倾斜岩层产状的测定有直接法和间接法。

(三)褶皱构造的野外分析

(1)岩层受力后发生的弯曲叫褶曲。一系列褶曲所组成的构造叫褶皱,褶皱构造是岩石塑性变形的体现。

(2)垂直于岩层走向的方向观察时,发现岩层的新老分布呈明显的对称重复性出现,这里肯定是褶曲构造。根据内外岩层的新老关系及岩层的产状特征,可确定是背斜还是向斜。

(3)根据两翼产状及与轴面的关系,可进一步确定褶曲的不同类型。沿着岩层的走向方向观察时,根据相对的岩层是平行展布还是汇合封闭,可以确定是正常褶曲或是倾伏褶曲;按汇合封闭的新老关系,进一步确定是倾伏背斜,还是倾伏向斜。如图 C-4 所示。

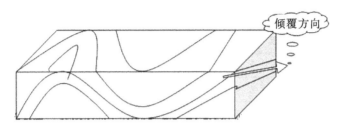

图 C-4 褶曲的类型

(4)在地貌上,一般的说背斜成山、向斜成谷,但是,由于经受内外动力地质作用的影响,遇到不同程度的破坏,导致地形起伏与褶曲构造不相吻合的现象——地形倒置,背斜成谷、向斜成山。

(四)断裂构造的野外分析

1. 节理

无明显相对位移的断裂叫做节理。岩石在形成过程产生的节理叫原生节理。在地壳运动中,受构造应力作用所产生的有张节理、剪节理等。

在野外,应对节理所在岩石的性质,节理的产状要素,节理的密度,节理面的特征及其充填物,节理与其他地质构造的关系,做认真、仔细的调查和研究、记录、统计分析,进行节理对工程地质、水文地质、矿产地质方面的影响性分析和评价。

2. 断层

(1)断层标志:

①岩层、岩体、矿体即构造线的突然中断;

②地层的单向重复或缺失;

③断层面及破碎带的构造特征;

擦痕、镜面、阶步;

构造角砾岩、糜棱岩碎裂岩;

地层的牵引现象;

伴生的节理或褶曲构造。

④地形地貌特征:

断层三角面;

断层崖;

沟谷、河谷(需做具体分析)。

⑤其他标志:

温泉的带状或(串珠状分布);

水系的拐弯或调向。

(2)断层类型:

①断层面产状确定的断层上、下盘位置关系;

②两盘的相对位移(主要是上盘)方向。

由这两方面因素才能确定断层类型。

表 C-1　各类断层特表

断层类型	断层面特征	产状	两盘的相对位移
正断层	开口,参差不齐	60°~70°常见	上盘下降
断层	闭合,舒缓波状	30°~40°常见	上盘下降
平移断层	尾端平滑、或分支	直立	站在本盘看对盘左行、右行

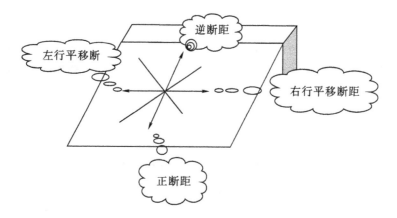

注:箭头表示上盘位移方向,直线表示复合命名时的断距临界变化数值。

图 C-5　断层两盘相对位移断距及断层类型

附录 D　地形图和地质图的分析与应用

一、地形图的识别

地形图是用各种规定的符号和注记表示地物、地貌及其它有关资料。通过对这些符号和注记的识读,可使地形图成为展现在人们面前的实地立体模型,以判断其相互关系和自然形态,人们就能看懂地形图,这就是地形图识图的主要目的。在地形图上,可以直接确定点的概略坐标、点与点之间的水平距离和直线间夹角、直线的方位。既能利用地形图进行实地定向,或确定点的高程和两点间高差,也能从地形图上计算出面积和体积,还可以从图上决定设计对象的施工数据。

阅读的步骤:

"先图外后图内;先地物后地貌;先主要后次要;先注记后符号"。

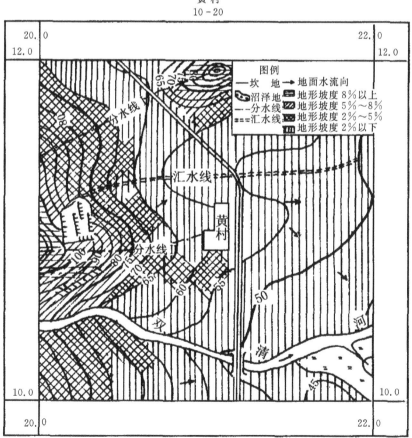

图 D-1　地形图

（1）图外注记识读

首先要了解这幅图的编号和图名、图的比例尺、图的方向以及采用什么坐标系统和高程系统，这样就可以确定图幅所在的位置、图幅所包括的面积和长宽等等。地形图反映的是测绘时的现状，因此要知道图纸的测绘时间。

（2）地物识读

要知道地形图使用的是哪一种图例，要熟悉一些常用的地物符号，了解符号和注记的确切含义。根据地物符号，了解主要地物的分布情况，如村庄名称、公路走向、河流分布、地面植被、农田、山村等。

（3）地貌识读

要正确理解等高线的特性，根据等高线，了解图内的地貌情况。首先要知道等高距是多少，然后根据等高线的疏密判断地面坡度及地形走势。

二、地形图的应用

（一）利用地形图制作地形剖面图

（1）在地形图上选定所需要的地形剖面位置，如图 D-2 所示，绘出 AB 剖面线。

（2）作基线。在方格纸上的中下部位画一直线作为基线 A′B′定基线的海拔高度为 0，亦可为该剖面线上所经最低等高线之值。如图示为 500 m。

（3）作垂直比例尺。在基线的左边作垂线 A′C′，令垂直比例尺与地形图比例尺一致，则作出的地形剖面与实际相符。如果是地形起伏很和缓的地区，为了特殊需要也可放大垂直比例尺，使地形变化显示得明显些。

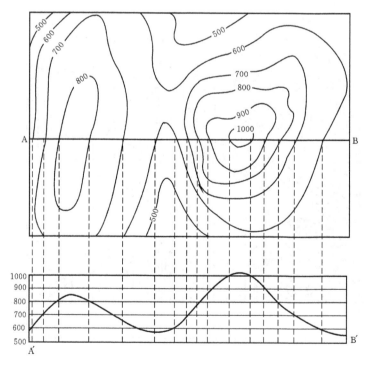

图 D-2　利用地形图作地形剖面线

(4)垂直投影。将方格纸基线 A'B' 与地形图 AB 相平行,将地形图上与 AB 线相交的各等高线点垂直投影到 A'B'基线上面各相应高程上,得出相应的地形点。剖面线的方向一般规定左方就北就西,而剖面的右方就东就南。

(5)连成曲线。将所得之地形点用圆滑曲线逐点依次连接而得地形轮廓线。

(6)标注地物位置、图名、比例尺和剖面方向,并加以整饰,使之美观。

(二)利用地形图在野外定点

在野外工作时,经常需要把一些观测点(如地质点、矿点、工点、水文点等)较准确地标绘在地形图中,区域地质测量工作中称为定点。如果地面有明显标志,很容易在地图上找到所在位置,如果地面附近无明显的标志,则可以利用罗盘测定不在同一方位上的两个目标(如房、塔、山顶三角架等,这些目标物一般是画在地图上的)的方位角。然后在地形图上通过所测的两个目标,作出两条方位线,其交点即为所求点的位置。这种方法叫后方交汇法,如果作三条这样方位线还可以校正该点的位置。

在图上找到各已知点,用量角器作图,在地形图上分别绘出通过三个已知的三条测线,三条测线之交点应为所求之测点位置。如三条测线不相交于一点而交成误差三角形,测点位置应取误差三角形之中间小点。

实际工作时往往将目估法和交汇法同时并用,相互校正,使点定得更为准确。例如用三点交汇法画出误差三角形后,用目估法找出测点附近特殊之地形物和高程来校对点之位置。

(三)确定汇水面积的边界线

当在山谷或河流修建大坝、架设桥梁或敷设涵洞时,都要知道有多大面积的雨水汇集在这里,这个面积称为汇水面积。汇水面积的边界是根据等高线的分水线(山脊线)来确定的。如图 D-3 所示,通过山谷,在 MN 处要修建水库的水坝,就须确定该处的汇水面积,即由图中分水线(点划线)AB、BC、CD、DE、EF 与线段 FA 所围成的面积;再根据该地区的降雨量就可确定流经 MN 处的水流量。这是设计桥梁、涵洞或水坝容量的重要数据。

图 D-3 确定汇水面积边界线

三、野外测绘地形剖面图(草测)

在做路线地质工作时,常要求能够在现场勾绘出地形剖面,以便在地形剖面图上反映路线地质的情况。首先要确定剖面的起点,剖面方向,剖面长度,并根据精度要求确定剖面的比例尺。绘制步骤与前一方法相似。差别在于水平距和高差是靠现场观测来确定的。这时确定好水平距离和高差便成为画好地形剖面的关键。当剖面较短时,水平距离和高差可以丈量或步测,剖面较长时只能用目估法或参考地形图来计算平距与高差。一般是分段观测。根据 GPS 数据来勾画或生成地形剖面。

四、地质图的阅读和分析

1. 目的要求

初步掌握阅读和分析褶皱和断裂、岩浆岩体和不整合地层的地质图的方法。并根据图上资料简述各类构造组合特征及区域地质发展历史。

2. 有关说明

(1)地质图的概念

将地质调查成果(组成地层的岩石、年代、构造特征、矿产、地质施工、古生物、地貌、水文等等)用规定的符号、颜色按比例概括投影到平面(地形图)上的图件。有时为突出某一方面的地质成果,分门别类作出各类图件来。如:矿产分布图、构造图、水文地质图、工程地质图、岩相—古地理图、第四纪地质图等等。

一幅正规的地质图应有图名、比例尺、图例、编图单位和编图日期。

地质图是找矿、勘探、建筑、科研方面工作资料来源之一。它是地质工作人员经过巨大劳动,把地质资料分析、综合、编制成立的。一般说来包括平面图、剖面图,这样可以互相对照、相互补充。

(2)地质图内容

地质图首先包括地形图内容,另外还包括:

①地层:岩性、时代、产状;

②构造:褶皱断层;

③岩浆岩:规模大小、时代以及与断层、褶皱矿产关系等。

3. 读图的步骤和方法

读图的步骤和方法如下:

第一,初步认识地质图及其全貌,如图名、图幅号、比例尺、图例和责任表;第二,分析认识地形总的特点及其与地层的构造的关系;第三,分析认识地质构造总的特点,包括地层展布及其相互关系、主导构造方向、构造层及其特点和展布。在对全区总的地质构造特点有初步概念后,应分别按构造层、构造单元、构造方位、构造类型进行地质构造细部的分析和描述。

(1)地层方面:分析地层和地层组合的展布和排列;分析并确定地层之间的接触关系,尤其要注意角度不整合,这是划分构造层和分析构造发展史的基本依据。

所谓构造层,是指一定构造单元内一定构造发展阶段中形成的一套地层组合(或建造)及其组成的构造,其中常包含一定的岩浆岩组合。构造层常常由角度不整合限定。它在地层组合、沉积岩相、构造、岩浆活动等方面具有一定特色而区别于其它的构造层。在时间上代表一定构造旋回和构造幕,空间上代表该构造幕的影响的范围。

(2)褶皱方面:分析褶皱首先要着眼于全区最发育的最有代表性的褶皱,或从各单个褶概括总体褶皱,或从大褶皱入手依次分析次级褶皱。不论从小型到大型或从大型到小型,总是要把褶皱的总体和细节查明。查明褶皱在平面上和剖面上的形态特点、组合特点、叠加关系和展布规律,进而分析与相邻或相关构造层中褶皱的关系。

(3)断层方面:一个地区的断层尤其是大断裂是控制一个地区的构造的格架。第一,要分析全区性大断裂及其对全区构造的控制;第二,按断层的规模、方向、性质及其与褶皱的关系进行分组;第三,断层与褶皱不论是在空间展布上或成因上都有密切关系,所以,在分析断层时,要结合褶皱等其它有关构造进行分析。

(4)岩浆岩体方面:一定地区的岩浆岩体及其组合是在一定构造背景下形成的,既受区域构造和构造运动的控制,又常受局部构造的控制。而岩体的形成又对其周围构造产生影响。在分析岩浆岩全发育区地质图时,应注意分析不同时代、不同类型、不同规模岩体的分布组合规律、发展演化史及其与褶皱、断层等构造的空间分布关系。

五、编制地质剖面图的步骤

编制地质剖面图的步骤如下:

(1)制订剖面线的位置:剖面线位置在能够反映该地区构造性质的方向上,一般是垂直于区域岩层的走向或构造轴向。在地质图上取剖面,其方向应垂直于总构造轴向。

(2)选定比例尺:一个剖面上的比例尺包括垂直比例尺,水平比例尺两种,一般这两种比例尺取大小相等。

(3)作地形剖面。

(4)地质充填:将产状要素、岩层厚度、构造轮廓按一定位置画出在地形剖面上。

(5)在实地运用 1∶50000 地形图确定实习点位。

(6)普染图 2-2 所示的地质图,分析、了解地质概况。

附录 E 地质素描

一、地质素描的优越性

当我们分析某种地质现象,若用照相的办法,忠实于客观景物的复制,会有"鱼龙混杂"的效果。若用素描技术处理,完全可以根据观察者的需要,对地质体的各种形象与特征,对附近的景物等有所取舍,该强调哪些,该精简哪些,都可以凭自己的运笔而描绘。

二、地质素描的基本常识

何谓地质素描? 就是从地质观点出发,运用透视原理和绘画技巧来表达地质现象或地质作用的画幅,也可称为地质素描草图。以铅笔作画较多,也有运用钢笔画技法。

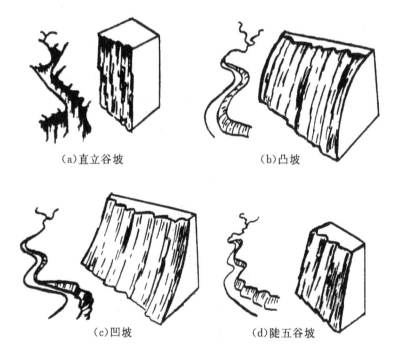

(a)直立谷坡   (b)凸坡

(c)凹坡   (d)陡五谷坡

图 E-1 坡形的表示

作素描图的最基本要求是必须懂得透视原理,或者说,必须掌握投影法则,整个画面,就是一张实物的投影图。所谓投影法则,归纳起来,就是"近高远低,近大远小,近宽远窄,近前远后,近弯远直,近清远蒙",也可说是实地运笔时应该掌握的基本技法。

素描的线条基本上分为两大类:一是轮廓线,这是最主要的线条,用于勾勒景物的基本轮廓,有如建筑物的骨架,因此运笔画轮廓线时,必须抓住景物的关键部位,按透视法则表达之。故轮廓线所表达出来的景物形象,犹如一幅速写图;二是阴影线,在轮廓线勾勒的基础上,如何使景物符合"立体感"的形象,必须运用阴影线,而运用阴影线的关键在于表达光线在景物上的明暗差异。运用得宜,景物逼真,不损伤轮廓线。

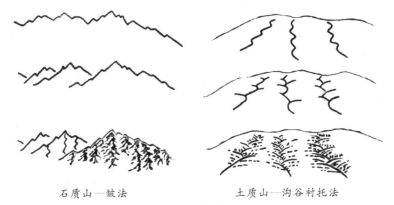

石质山—皱法　　　　土质山—沟谷衬托法
图 E-2　山的画法

地质素描除了表达地质景物的最基本特征外,有些图幅还可适当配合一些衬托物体,诸如林木、野草、村舍之类。其目的有三:一是作为景物的比例尺;二是为了美化图面;三是为了做特殊背景,专门说明某个问题的,如泉水出露、水草丰盛之类。总之,画衬托物时要求考虑构图的整体效果,因此,衬景物也要选择。

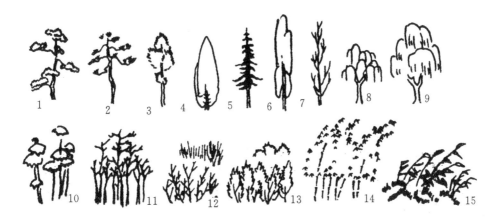

1、2—松;3—柏;4—园柏;5—杉;6、7—杨;8、9—柳;
10、11—乔木幼林;12、13—灌木林;14—竹;15—苇草
图 E-3　常见植物

三、地质素描的基本步骤

(1)选定素描对象的范围,确定主要地质体的位置,一般放在中心位置上。

(2)安排主要对象和次要对象的大小比例关系及相对位置的关系,在图框内勾出其范围。

(3)勾勒地质体(或景物)的轮廓线,这主要是抓住外形的轮廓—如山脊、河床、陡崖、阶地(台地)的边缘、河岸、层面、大裂隙之类。素描勾勒时,先近后远。近处画得细致、清晰、浓重;远处画得粗略、轻淡、隐约。画轮廓线时尽量注意透视原理来运笔。远近景物交汇之处,应有意识地在图面上留出空隙,使视线有开朗深沉的感觉。

（4）在轮廓线勾勒就绪的基础上，加阴影线。主要是掌握景物形象的立体感，使之逼真如实。

（5）适当画些背景或衬托物，用以美化图面。

（6）为了清楚地表达图内的内容，可在地质体附近或景物附近标上必要的文字，如村庄名称、地层年代符号或其他地质符号之类。

（7）最后写上图名、地名、方位、测量数据、比例尺以及其他必要的说明。

（8）通常这类素描图是在野外用铅笔完成的。需要加墨线的话，可带回室内再整理着墨。

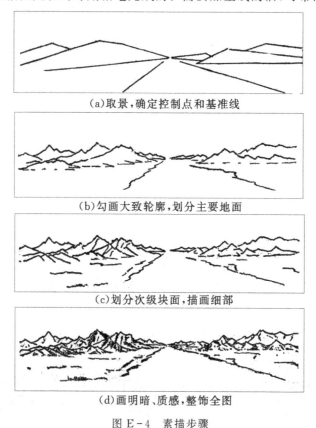

（a）取景，确定控制点和基准线

（b）勾画大致轮廓，划分主要地面

（c）划分次级块面，描画细部

（d）画明暗、质感，整饰全图

图 E-4　素描步骤

四、地质素描实例

1. 地层素描

地层素描多用于剖面图的测制方面，通常作为近景插图之用。地层素描的对象即地层，包括沉积岩、火成岩和变质岩三大类。因此，首先要注意岩石性质的不同，在素描图上表现出来的内容要点亦应有所差别。比如沉积岩层以清晰的层理为要点；火成岩类以致密块状伴以节理现象为要点；变质岩系地层则以褶皱及其复杂的微细构造为要点。

地层接触关系的素描：①如果上下两层间呈现角度不整合现象，素描时容易画得清晰；②上下两层间呈整合或假整合接触时，甚至是低角度不整合时，我们应该仔细揣摩假整合面或整合面上的微小变化，将这些微细特征给予必要的夸张，使其明显起来。

素描这些含矿层时,可以着重加工其坚硬性差异,风化凹凸不平的外形特征,特别在运用阴影线时,尽量使其突出。

2.构造地质素描

(1)褶皱素描

未动笔前,要先琢磨一下哪一层可以作为"标志层",以此追索整个褶皱的形态,并确定其褶皱的名称,诸如背斜、向斜、箱状褶皱、伏卧褶皱等等。然后,再仔细琢磨这个"标志层"的岩性特点以及如何表达的素描技法。这样,把这个"标志层"置于图框的合适位置上,按其起伏与延伸方向勾勒出这个"标志层"的褶皱形态。在此轮廓线的基础上,再加阴影线,图面结构就呈现出来了。

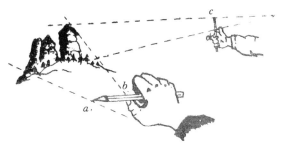

取 ab 比较长度为1,设 cd 在画上的长度为 x,则 $x=\dfrac{cd}{ab}$

图 E-5　相对比例法

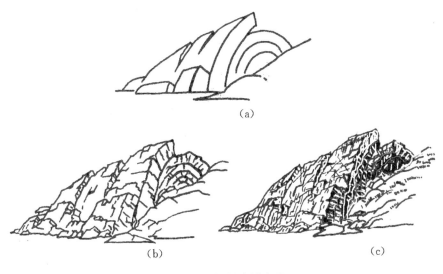

(a)

(b)　　　　　　　　(c)

图 E-6　褶皱素描步骤

(2)断层素描

素描断层现象之前,也应先找出它的"标志层",以此追索断层的上下盘及其错动关系,确定断层的形态特征及其名称。

当素描断层时,先将断层面(线)画在图框的适当位置内,勾勒时宜注意断层面的产状,然后画出"标志层"的上下盘位置,这样,这个断层的性质及其格局就基本上控制住了。

如果有些岩性特征与微构造痕迹仍难以用素描表达，则可在素描图的断层线两侧加上箭头，以示上下盘的动向。

图 E-7　断层面

3. 地貌素描

从地质学观点考虑，主要是表现地貌特征与岩石性质、地质构造的关系，有时也为了表达风化、侵蚀、冰川、火山、地震、气候等与地貌的关系，今将几种常用的地貌素描简述如下：

（1）多层地形的地貌素描

第一步，先用几条淡淡的横线勾画出"多层"的阶地面和剥蚀面，作为全画幅的控制线；第二步，运用透视原理勾勒出山容水貌的轮廓线；第三步，运用阴影线渲染山形、河曲、阶地、剥蚀面的立体形象，使具真实感。近景宜细致，远景可疏淡；陡坡、陡崖、陡坎宜浓影，缓坡平台宜淡影，甚至留白；第四步，衬以树林、村舍、曲径、人物、家畜之类以美化图面；最后可用文字在图面上写些必要的说明，诸如山名、村名之类，使读者一目了然，如亲历其境。

（2）岩性与地貌关系的素描图

此类素描图用于特殊地貌现象居多，例如石灰岩地区，因溶蚀作用而产生的岩溶地貌；如花岗岩或火山岩地区，因岩性坚硬，节理发育而产生陡崖峭壁、群峰林立的"黄山型"地貌或"丹霞型"地貌；也有如大河谷地两岸，或盆地周围而出现的平丘缓岗地貌之类。

第一步，先要确定取景范围与取景角度；第二步，勾勒出山脊、山坡、水岸、崖壁、洞穴之类的轮廓线；第三步，着阴影线。

（3）由褶皱、断层构造控制的地质构造与地貌关系的素描图

先研究清楚此处的构造地貌，是受褶皱控制，还是受断层控制，即以此为重点解剖构造与地貌的关系，素描时也就以此为重点，把这部分素描画得形象逼真。然后配上其他的相应地层，使之在总体上看得出"褶皱山"的地貌景象。

与断层有关的地貌：最显著的是断层崖和三角面山，此外尚有地垒山、地堑谷、断块山等。画断层崖主要是要表现崖壁的地貌特色，如刀劈斧削。几条纵向的轮廓线是全图的关键，动笔之前，要琢磨清楚。为了表达断崖的立体感，在轮廓线的基础上再加些辅助线，阴影线要稀疏一些，不过在断崖后面的山坡、崖顶、崖麓诸处，则需加密一些阴影线，使崖壁显眼。

素描的成功与否在于执笔者的多多练习，而不在于了解或熟记多少基本知识、步骤、技法之类。画多了，熟能生巧，肯定能创作出既合乎科学道理，又合乎美学要求的素描图来。

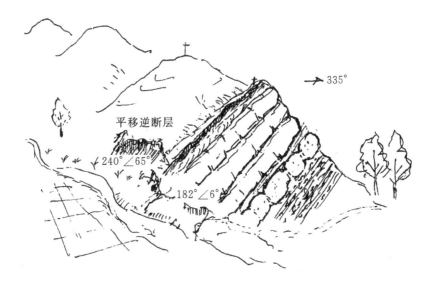

图 E-8　颜家河对岸露头素描图

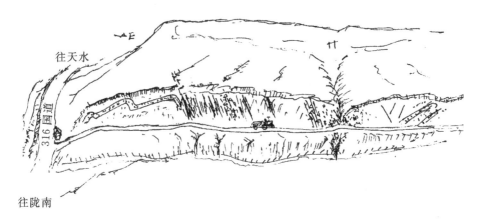

图 E-9　段家沟山路断裂示意图

附录 F 实习报告提纲

题目:天水地区普通地质野外实习报告

目录

第一章:前言

第二章:实习区概况、目的任务

    2.1 实习区域的地理位置和行政位置

    2.2 实习区自然地理概况(地形、水系、植被、气候)

    2.3 实习区域的经济地理概况(工业、农业、交通、矿产等)

    2.4 实习目的和任务

    2.5 实习概略过程

第三章:地层与岩石

    主要描写实习区出露的地层岩石及其类型。

    沉积岩:岩性特征(颜色、厚度、矿物成分、层理和层面构造)、含矿性、岩层接触关系和化石

    岩浆岩:矿物成分、结构构造、含矿性,与围岩接触关系、形成时代

    变质岩:叙述区内的发育程度、变质岩的成因类型、主要的变质矿物及相关矿产

第四章:地质构造

    描述本区构造的基本特征,根据实际资料描述区内的褶皱、断裂构造的形态、产状、规模、性质、空间分布的先后与制约关系等。

第五章:地质发展简史

    根据区域的沉积建造特征、构造变动、岩浆活动、变质作用、成矿作用等由早到晚追溯地壳的历史,总结新构造运动的特征。

第六章:结论(认识或见解)部分

    全面扼要总结实习的主要成果,大胆严肃地提出实习过程中的新发现、新见解,认真总结归纳实习中的经验教训;积极提出存在的主要问题和今后的实习建议。

附图:

1.实习区交通位置图

2.实习路线及实习观察点的分布图

3.实测剖面图

4.路线地质图

5.各类地质现象的素描图及示意图

实习报告的总结,文字上力求简明扼要,图表上力求清楚整洁,条理要明确,论证要真实。可以不按照上述框框写,只要围绕实习的基本内容,抓住实习的根本环节,写出丰富生动、图文并茂、耐人寻味、吸取教益的心得体会,就是一篇成功的实习报告。

附录 G 区域地质调查图式图例

《中华人民共和国区域地质矿产调查工作图式图例》(GB 958)摘选

一、地质符号

0.2mm	实测整合岩层界线	45°	片麻理倾向及倾角		倒转向斜
0.2mm	推测整合岩层界线		交错层理及倾斜方向		隐伏背斜
0.2mm	实测不整合界线		水平流线构造(0°~10°)		隐伏向斜
0.2mm	推测不整合界线		倾斜流线构造(10°~80°)		穹隆
0.2mm	实测平行不整合界线		直线流线构造(80°~90°)		盆地
0.2mm	推测平行不整合界线		背斜		水平裂隙(0°~10°)
	岩相界线		向斜		倾斜裂隙(10°~80°)
45°	岩层产状		复式背斜		直立裂隙(80°~90°)
	直立岩层产状		复式向斜	1.5mm	Ⅰ级实测断裂
	倒转岩层产状		倒转背斜	1.5mm	Ⅰ级推测断裂

二、沉积岩

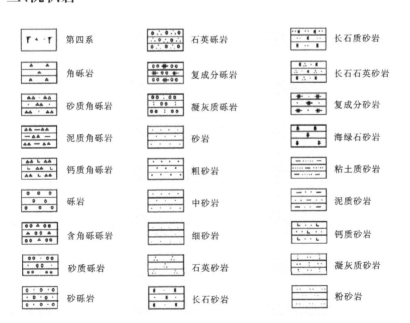

	第四系		石英砾岩		长石质砂岩
	角砾岩		复成分砾岩		长石石英砂岩
	砂质角砾岩		凝灰质砾岩		复成分砂岩
	泥质角砾岩		砂岩		海绿石砂岩
	钙质角砾岩		粗砂岩		粘土质砂岩
	砾岩		中砂岩		泥质砂岩
	含角砾砾岩		细砂岩		钙质砂岩
	砂质砾岩		石英砂岩		凝灰质砂岩
	砂砾岩		长石砂岩		粉砂岩

三、侵入岩

橄榄岩	顽火辉石岩	云斜煌斑岩
纯橄榄岩	辉长岩	闪斜煌斑岩
角砾云母橄榄岩	橄榄辉长岩	闪长岩
辉石橄榄岩	苏长岩	石英闪长岩
辉石岩	辉长玢岩	黄岗闪长岩
榄石辉石岩	辉绿岩	角闪闪长岩
二辉岩	辉绿辉长岩	辉石闪长岩
紫苏辉石岩	辉长辉绿岩	黑云母闪长岩
透辉石岩	辉绿玢岩	闪长斑岩
角闪辉石岩	石英辉绿岩	闪长玢岩
角闪透辉岩	煌斑岩	石英闪长斑岩
花岗闪长斑岩	石英二长岩	二长花岗岩
花岗岩	角闪二长岩	白岗岩
角闪花岗岩	二长斑岩	正英正长岩
黑云母花岗岩	正长岩	正长斑岩
钾长花岗岩	角闪正长岩	
斜长花岗岩	黑云母正长岩	

74

四、喷出岩

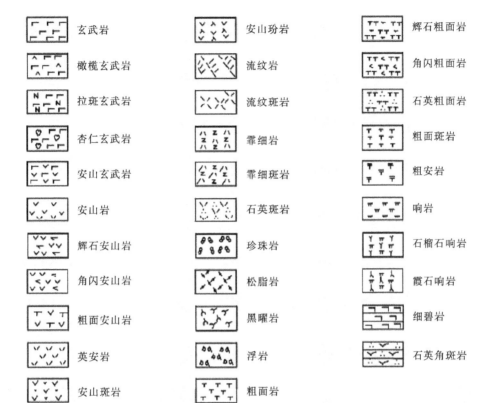

玄武岩	安山玢岩	辉石粗面岩
橄榄玄武岩	流纹岩	角闪粗面岩
拉斑玄武岩	流纹斑岩	石英粗面岩
杏仁玄武岩	霏细岩	粗面斑岩
安山玄武岩	霏细斑岩	粗安岩
安山岩	石英斑岩	响岩
辉石安山岩	珍珠岩	石榴石响岩
角闪安山岩	松脂岩	霞石响岩
粗面安山岩	黑曜岩	细碧岩
英安岩	浮岩	石英角斑岩
安山斑岩	粗面岩	

五、火山碎屑岩

集块岩	流纹质熔角砾岩
流纹质集块岩	流纹质凝灰岩
粗面质集块岩	流纹质岩屑凝灰岩
安山质集块岩	流纹质岩屑晶屑凝灰岩
玄武质集块岩	流纹质晶屑凝灰岩
流纹质火山角砾岩	流纹质沉集块岩
流纹质角砾熔岩	流纹质沉火山角砾岩
流纹质凝灰熔岩	流纹质沉凝灰岩
流线质熔角砾岩	安山质沉凝灰岩

六、变质岩

混合岩	角砾状混合岩	红柱石板岩
混合花岗岩	雾迷状混合岩	千枚岩
均质混合岩	板岩	钙质千枚岩
渗透状混合岩	钙质板岩	石英千枚岩
斑点状混合岩	砂质板岩	绢云千枚岩
眼珠状混合岩	炭质板岩	绿泥千枚岩
条带状混合岩	绢云板岩	片岩
条纹状混合岩	绿泥板岩	石英片岩
香肠状混合岩	凝灰质板岩	角闪片岩

七、岩石碎屑及有关粒级花纹规格表

粒级花纹 / 岩石 花纹规格 /mm	火山碎屑岩		正常沉积碎屑岩				矽卡岩		糜棱岩		岩浆岩		粒级花纹 / 岩石 花纹规格 /mm
	粒级	花纹	粒级	花纹	粒级	花纹	粒级	花纹	粒级	花纹	粒级	花纹	
4.0	粗集块	○									巨粒	＋	8
2.0			巨角砾	▲	巨砾	○	粗粒	⊙			粗粒	＋	6
1.6	细集块	●	粗角砾	▲	粗砾	○	中粒	●					
	粗火山角砾	▲									中粒	＋	4
1.2			中角砾	▲	中砾	●	细粒	●			细粒	＋	2
1.0	细火山角砾	▲	细角砾	▲	细砾	●			粗粒		粗粒	＋	6×3
0.8	粗凝灰				粗砂	·					中粒	＋	4×2
0.6					中砂	·			细粒		细粒	＋	2×1
0.4	细凝灰				细砂	·							
0.25					粉砂	·							

参考文献

[1]诸明义,赵得思.核工业部地质学校八七年地质认识实习指导书,1987.

[2]1：20 万《天水幅》和《香泉幅》地质图及说明书.

[3]翟新伟,高军平,范育新.普通地质野外实习指导书.兰州:兰州大学出版社,2012.

[4]赵希章.普通地质实习指导书.兰州:兰州大学出版社,1992.

[5]成都理工大学.峨眉山普通地质实习指导书.

[6]夏邦栋,等.地质学基础,普通地质学.

[7]郭全民,赵景清.天水地区花岗岩成因与铀的迁移富集特点.

[8]核工业部 216 大队.甘肃省秦岭中段铀矿地质总结报告.

实习路线分布示意图

———— 实习路线　　①…⑧ 实习路线编号

天水地区区域地质图